绿色水产养殖典型技术模式丛书

稻渔

综合种养技术模式

DAOYU
ZONGHE ZHONGYANG JISHU MOSHI

全国水产技术推广总站 ◎ 组编

中国农业出版社
北 京

图书在版编目（CIP）数据

稻渔综合种养技术模式/全国水产技术推广总站组编 . —北京：中国农业出版社，2021.10
（绿色水产养殖典型技术模式丛书）
ISBN 978-7-109-28671-9

Ⅰ.①稻…　Ⅱ.①全…　Ⅲ.①水稻栽培②稻田养鱼　Ⅳ.①S511②S964.2

中国版本图书馆 CIP 数据核字（2021）第 162242 号

中国农业出版社出版

地址：北京市朝阳区麦子店街 18 号楼
邮编：100125
策划编辑：武旭峰　王金环
责任编辑：王金环　王丽萍
版式设计：王　晨　责任校对：沙凯霖
印刷：北京通州皇家印刷厂
版次：2021 年 10 月第 1 版
印次：2021 年 10 月北京第 1 次印刷
发行：新华书店北京发行所
开本：700mm×1000mm　1/16
印张：13　插页：2
字数：220 千字
定价：48.00 元

丛书编委会

EDITORIAL BOARD

 **本书编委会**

EDITORIAL BOARD

丛书序
Preface

····

　　绿色发展是发展观的一场深刻革命。以习近平同志为核心的党中央提出创新、协调、绿色、开放、共享的新发展理念，党的十九大和十九届五中全会将贯彻新发展理念作为经济社会发展的指导方针，明确要求推动绿色发展，促进人与自然和谐共生。

　　进入新发展阶段，我国已开启全面建设社会主义现代化国家新征程，贯彻新发展理念、推进农业绿色发展，是全面推进乡村振兴、加快农业农村现代化，实现农业高质高效、农村宜居宜业、农民富裕富足奋斗目标的重要基础和必由之路，是"三农"工作义不容辞的责任和使命。

　　渔业是我国农业的重要组成部分，在实施乡村振兴战略和农业农村现代化进程中扮演着重要角色。2020 年我国水产品总产量 6 549 万吨，其中水产养殖产量 5 224 万吨，占到我国水产总产量的近 80%，占到世界水产养殖总产量的 60% 以上，成为保障我国水产品供给和满足人民营养健康需求的主要力量，同时也在促进乡村产业发展、增加农渔民收入、改善水域生态环境等方面发挥着重要作用。

　　2019 年，经国务院同意，农业农村部等十部委印发《关于加快推进水产养殖业绿色发展的若干意见》，对水产养殖绿色发展作出部署安排。2020 年，农业农村部部署开展水产绿色健康养殖"五大行动"，重点针对制约水产养殖业绿色发展的关键环节和问题，组织实施生态健康

1

养殖技术模式推广、养殖尾水治理、水产养殖用药减量、配合饲料替代幼杂鱼、水产种业质量提升等重点行动，助推水产养殖业绿色发展。

为贯彻中央战略部署和有关文件要求，全国水产技术推广总站组织各地水产技术推广机构、科研院所、高等院校、养殖生产主体及有关专家，总结提炼了一批技术成熟、效果显著、符合绿色发展要求的水产养殖技术模式，编撰形成《绿色水产养殖典型技术模式丛书》。《丛书》内容力求顺应形势和产业发展需要，具有较强的针对性和实用性。《丛书》在编写上注重理论与实践结合、技术与案例并举，以深入浅出、通俗易懂、图文并茂的方式系统介绍各种养殖技术模式，同时将丰富的图片、文档、视频、音频等融合到书中，读者可通过手机扫描二维码观看视频，轻松学技术、长知识。

《丛书》可以作为水产养殖业者的学习和技术指导手册，也可作为水产技术推广人员、科研教学人员、管理人员和水产专业学生的参考用书。

希望这套《丛书》的出版发行和普及应用，能为推进我国水产养殖业转型升级和绿色高质量发展、助力农业农村现代化和乡村振兴作出积极贡献。

丛书编委会

2021 年 6 月

前 言
Foreword

■ ■ ■ ■

"竞说田家风味美，稻花落后鲤鱼肥"，古代诗人用寥寥数笔就描绘出一幅水稻抽穗扬花时，鲜嫩肥美的鱼儿欢快吃食的稻田养鱼的田园风光。我国古代先民在观察到植物（水稻）和水生动物（鱼类）之间的共生互促现象后，将其应用到农业生产中，即形成了稻田养鱼。千百年来，这种朴素、传统的农业模式在我国缓慢发展，成为我国灿烂的农耕文化的重要组成部分。新中国成立以来，得益于政策推动和技术进步，稻田养鱼从自发状态转向有组织、有规划地发展。进入 21 世纪，新一轮稻田养鱼蓬勃发展，"稻渔互促、提质增效、质量安全、生态环保"成为这一时期的突出特征，稻渔综合种养概念由此产生。在科研、技术推广和各地实践探索"三轮驱动"下，稻渔综合种养技术模式不断创新，形成了稻虾、稻鱼、稻蟹等一批特色鲜明、效益显著的种养模式。稻渔综合种养产业在稳定水稻种植面积、促进渔业发展、提振区域经济和农渔民增收致富中发挥了重要作用。

党的十九大提出乡村振兴战略，成为新时期"三农"工作的总抓手。立足新发展阶段，全面推进乡村振兴，产业兴旺是基础，首要任务是确保国家粮食安全。在资源和环境的双重约束下，我国渔业也亟待拓展发展空间、保障水产品有效供给和提升发展质量效益。稻渔综合种养兼具"稳粮""促渔"功效，同时又可以向加工业和服务业延伸拓展，具有带动一二三产业融合发展的巨大优势，具有广阔的提升空间和发展

前景。

　　为贯彻落实《关于加快推进水产养殖业绿色发展的若干意见》、全国稻渔综合种养发展提升现场会和《农业农村部办公厅关于实施水产绿色健康养殖技术推广"五大行动"的通知》精神，推广普及先进适用的种养技术模式，促进"稻"和"渔"、"粮"和"钱"、"土"和"水"的关系平衡，提升综合效益，全国水产技术推广总站在长期开展稻渔综合种养技术集成和示范推广基础上，依托中国稻渔综合种养产业协同创新平台，联合相关科研、推广和生产一线的专家学者编写了本书。

　　本书系统介绍了稻渔综合种养的内涵特征、技术原理、主要技术模式和产业发展现状，分析了产业发展的资源条件和潜力，介绍了稻鱼、稻小龙虾、稻蟹综合种养的关键技术和典型模式，并以稻鳖为例介绍了多品种混养模式。其中，第一章、第二章、第七章由浙江大学牵头编写，第三章由全国水产技术推广总站牵头编写，第四章由四川省农业科学院水产研究所牵头编写，第五章由湖北省水产技术推广总站牵头编写，第六章由上海海洋大学、盘锦光合蟹业有限公司牵头编写，全书的策划和统筹组织工作由全国水产技术推广总站负责，审核和统稿由上海海洋大学负责。本书编写也得到了吉林、江苏、浙江、安徽、江西、广西、四川、贵州、云南、宁夏等相关省（自治区）水产技术推广部门的大力支持，在此一并致以诚挚的谢意。

　　由于编者水平有限，且稻渔综合种养技术模式仍在不断创新发展，书中不妥之处在所难免，恳请广大读者批评指正。

编　者

2021 年 7 月

目 录
Contents

▪ ▪ ▪

第一章

稻渔综合种养的内涵、系统组成及其原理

第一节　稻渔综合种养的内涵

稻渔综合种养是为适应新时期现代农业和农村发展的要求，以稳定水稻生产、促进渔业发展为目标，在原稻田养鱼技术基础上，创新发展的一种现代生态循环农业新模式。该模式根据生态经济学原理和产业化发展的要求，对稻田浅水生态系统进行工程改造，通过水稻种植与水产养殖、农机和农艺技术的融合，实现稻田的集约化、规模化、标准化、品牌化生产经营，能在稳定水稻生产的前提下，大幅度提高稻田经济效益，提升产品质量安全水平，改善稻田生态环境。

与传统的稻田养鱼相比，在理念上，稻渔综合种养突出强调了"以粮为主、稻渔互促"，粮食成为发展的主角；在品种上，引入了克氏原螯虾（小龙虾）、中华绒螯蟹（河蟹）、中华鳖（甲鱼）、泥鳅等经济效益好、产业化程度高的水产品种；在技术上，加强了水稻种植、水产养殖，以及农机、农艺等方面技术和工艺的融合，建立了跨学科跨领域的技术体系；在经营上，采用了"科、种、养、加、销"一体化现代经营模式，突出了规模化、标准化、产业化的现代农业发展方向。具体来说，与稻田养鱼相比，稻渔综合种养有以下4个方面突出特征：一是突出了以粮为主。稻渔综合种养发展以来，始终坚持"以渔促稻"的发展方针。稳产量，平原地区水稻亩产不得低于500千克，丘陵山区水稻亩产不得低于周边同等条件、同等水平水稻单作亩产。保产能，稻田工程不得破坏稻田的耕作层，工程面积不超过稻田面积的10%，技术上要有稳定水稻产量的具体措施，在模式机制设计上要平衡好水稻效益和水产效益，坚决防止"挖田改塘"。二是突出了稻渔互促。在生产实践中，一方面在确保水稻稳产的前提下，稻渔综合种养大幅提高了稻田综合效益，促进了

稻田流转和规模化生产，提升了水稻品质和效益，调动了农民种粮的积极性；另一方面充分利用稻田的坑沟、空隙带和冬闲田发展水产养殖，在内陆水产养殖空间不断被挤压的情况下，开辟了一条保障水产品供给的新路子。三是突出生态环保。通过建立稻渔生态循环系统，提升稻田中能量和物质利用效率，大幅减少了农药和化肥使用，减少了病虫草害的发生和农业面源污染，改善了农村生态环境，提高了稻田可持续利用水平，而且有利于农村防洪蓄水、抗旱保收。四是突出了产业化发展。稻渔综合种养产业链长，价值链高，具有带动一二三产业融合发展的巨大优势。

在发展实践中，各地将稻渔综合种养始终朝着产业化推进，积极倡导"科、种、养、加、销"一体化现代经营模式，培育新型经营主体，建立健全加工流通体系，拓展与餐饮美食、休闲观光、农事体验、科普教育等领域融合发展的新业态，不断提升规模化、标准化、品牌化水平，促进增产增效、节本增效、规模增效和提质增效，为稻渔综合种养发展提供强大的内生动力。

第二节　稻田生态系统

稻田生态系统组成成分、结构及其生态学功能的动态变化，是稻田生态系统的中心问题。稻田生态系统由生物群落和环境因子两大组分组成，其中，生物群落是生态系统的核心。稻田生态系统不断进行着能量转换和物质循环，产出水稻等产品并维持地力。

一、稻田生态系统组分

与其他类型的生态系统相似，稻田生态系统组分主要包括生物组分和环境组分。传统水稻单作模式下，稻田生态系统研究以水稻为中心。这种以水稻为中心的生态系统研究内容可以用图1-1来描述。

生物组分	环境组分
水稻	光照
微生物（病原微生物和有益微生物）	温度
田边、田内伴生植物	空气
（陆生、挺水和沉水杂草，浮萍、满江红）	水分
藻类（浮游植物、固着藻类）	土壤
水生动物（浮游、底栖动物等）	养分
节肢动物（害虫及其天敌、伴生种类）	地形

图1-1　稻田生态系统组成

（一）生物组分

稻田生态系统中的生物组分主要是水稻、其他植物（包括伴生杂草和藻类等）、动物（昆虫）、微生物等。而在稻鱼系统等稻渔综合种养模式里，还因为水产动物这一新的生物组分的加入，稻、水产动物、虫、草、病原之间的关系发生了根本性改变，从而使整个生态系统的结构、过程、功能及其稳定性也发生了根本性改变。这里仅介绍水稻单作情形下稻田生态系统的生物组成及其相互关系。

1. 水稻生物群体

水稻是稻田系统主要生物群体，其大小、构成和动态是影响水稻产量的主要因素。具体来说，水稻产量取决于单位面积上的穗数、每穗结实粒数和千粒重三个因素，穗数的形成受株数、单株分蘖数、分蘖成穗率影响，株数取决于插秧的密度及移栽成活率，其基础是在秧田期。所以育好秧、育壮秧，才能确保插秧后返青快、分蘖早、成穗多。决定单位面积上穗数的关键时期是分蘖期。在壮秧、合理密植的基础上，每亩*穗数多少，取决于单株分蘖数和分蘖成穗率。一般分蘖越早，成穗的可能性越大。后期的分蘖，不容易成穗。所以，积极促进前期分蘖，适当控制后期分蘖，是水稻分蘖期栽培的基本要求。

2. 稻田杂草

杂草是稻田重要生物组分，稻田杂草和水稻抢光、抢肥，争夺空间，恶化环境，传播病虫，影响水稻生长，从而影响水稻产量，是水稻的大害之一。稻田的杂草大约有120种，主要为禾本科、莎草科、玄参科、蓼科、苋科、千屈菜科、大戟科的杂草，其中禾本科的稗草是稻田最常见的杂草。据调查，有些秧田，每平方米稗草可多达240株。

3. 稻田节肢动物

稻田内取食水稻的昆虫多达200种以上，其中约有20种常见且对水稻有严重威胁。如华南地区以螟虫、稻纵卷叶螟、稻飞虱、黏虫、稻苞虫、稻瘿蚊等为主要虫害；浙江省则以二化螟、稻纵卷叶螟和白背飞虱、褐飞虱和灰飞虱等为主要虫害。此外，稻作区内分布着丰富的虫害天敌（如我国农田有姬蜂900多种，瓢虫300多种，蚜茧蜂100多种，

---

* 亩为非法定计量单位，15亩＝1公顷，下同。——编者注

3

寄生蝇 400 多种，农田蜘蛛 150 多种）和传粉昆虫等。

4. 水稻病原微生物

南方稻区分布有大量的病原微生物，由这些病原引发的稻瘟病、纹枯病、稻曲病、白叶枯病、胡麻叶斑病等为主要病害，对水稻产生较大危害。如浙江省水稻主要病害包括纹枯病、条纹叶枯病、黑条矮缩病、稻瘟病、细菌性病害，以及穗期综合征等。

5. 稻田土壤微生物

稻田土壤微生物主要包括腐生性细菌、硝化菌和反硝化菌、固氮菌、纤维分解菌、真菌和放线菌等，各种菌类对提高土壤肥力以及调节各项营养物质的转化起着重要作用。土壤微生物的生活环境因水分、氧气等条件的不同而使得种群活动产生差异。在淹水条件下，由于田中氧气较少，以兼性和嫌气性微生物活动为主；在土壤表层的氧化层中，则以好气性微生物活动为主。例如，固氮菌有好气性、嫌气性两种，好气性固氮菌多分布于水稻根际土壤中，固氮能力较强，但需要中性和微碱性环境，温度 25～30℃ 才适于其繁殖。嫌气性固氮菌，在南方微酸性土壤中分布较多，但其固氮能力比好气性固氮菌约低 90%。据国际水稻研究所测定，水稻根圈生活的固氮菌在淹水状态下，每公顷每季固氮 79.80 千克。

（二）环境组分

稻田环境组分包括光照、温度、水和土壤等。

1. 光照

光照直接影响水稻的生长、群体形成和产量。太阳辐射强度从南到北依次降低。海拔高的地区辐射强度比海拔低的地区大，地势高的地区辐射强度比低的大，山脊的辐射强度比山谷的大，南坡的辐射强度比北坡的大。辐射强度的年变化，以夏季最强，秋季次之，春、冬季最弱。如广州地区水稻本田生育期间的辐射强度，早稻平均为 1 125.50 焦耳/厘米²，中稻平均为 1 598.30 焦耳/厘米²，晚稻平均为 1 389.70 焦耳/厘米²。辐射强度的日变化，一般以中午最强，上午次之，下午较弱。如广州地区夏季（7月）晴天的辐射强度，中午 5.73 焦耳/（厘米²·分钟），上午 4.60 焦耳/（厘米²·分钟），下午 3.64 焦耳/（厘米²·分钟）。

2. 温度

温度对生物的影响主要通过气温、水温和土温的变化实现。气温随纬度、海拔、季节、昼夜而变化。水温因气温、纬度、海拔和季节等变化，一般气温低时，水温较气温高。早稻秧田灌水防寒，当气温平均在9.6℃时，水温11.1℃；气温9℃时，水温10.5℃。一般在气温降低时，水温比气温高1.5℃左右；在气温升高达35℃以上时，水温常在30℃以下。与气温日变化趋势一致，稻田水温一般在14:00—15:00达到最高；最低水温一般出现在06:00—06:30，比气温最低的出现时间稍迟。土壤温度对水稻生长有重要影响，土壤深度与土壤温度密切相关。在我国南方地区，春季土壤表层（0厘米处），土温为7.4～21.4℃，平均13.9℃；土壤深度5厘米处，土温为8.3～20.6℃，平均13.7℃。

3. 水

稻田水主要来源于降水和灌溉。我国水稻生长季内的降水量为南方多、北方少，不论南北，都以夏季降水量较多，利于水稻生长。年降水量，西北地区一般在250毫米以下，东北500～600毫米，华北500～750毫米，华中1 000～1 500毫米，华南1 250～2 440毫米。按基本具备灌溉条件计算，目前我国华南双季稻稻作区年有效灌溉面积4.606 8×10⁶公顷，华中单双季稻稻作区年有效灌溉面积11.247 9×10⁶公顷，华北单季稻稻作区年有效灌溉面积11.333 5×10⁶公顷，东北早熟单季稻稻作区年有效灌溉面积9.777 0×10⁶公顷，西北干燥区单季稻稻作区年有效灌溉面积7.139 6×10⁶公顷，西南高原单双季稻稻作区年有效灌溉面积6.447 2×10⁶公顷。

4. 土壤

与其他耕作土壤不同，稻田土壤是指在长期淹水种稻条件下，受到人为活动和自然成土因素的双重作用，而产生水耕熟化和氧化与还原交替，以及物质的淋溶、淀积，所形成的具有特有剖面特征的土壤。水稻土是我国重要的耕作土壤之一。由于水稻的生物学特性对气候和土壤有较广的适应性，因而水稻土可以在不同的生物气候带和不同类型的母土上发育形成。我国水稻土主要分布于秦岭至淮河一线以南的广大平原、丘陵和山区，其中以长江中下游平原、四川盆地和珠江三角洲最为集中。

二、稻田生态系统能量流动

生态系统的能量流动由生产者、消费者和分解者三大功能类群驱动（图1-2）。稻田生态系统中，水稻是重要生产者，水稻同化的光合产物中有99%在穗部，44%在茎叶，2%在根部。穗和茎叶的大部分作为人和家畜的能源从稻田中转移出去，残留部分只有落叶、残桩和根，占生物量的10%～20%。与自然生态系统不同，人类和家畜是稻田的主要消费者。稻田生态系统中的自然消费者主要是昆虫、鸟兽等，只占一小部分。稻田生态系统中的作物产品被运出生态系统之外供人类和家畜食用。分解者是营分解作用的腐生生物，即细菌和真菌，亦称还原者。水稻生产遗留在田中的有机物质被微生物分解、还原为有效的营养元素，供作物吸收利用。

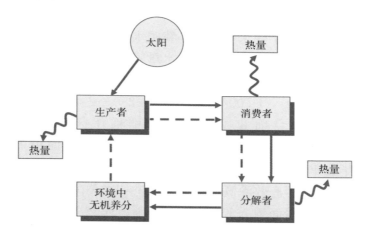

图1-2　稻田生态系统能量流动（实线）和物质循环（虚线）示意图

三、稻田生态系统物质循环

氮、磷、钾是水稻最重要的营养元素，与自然生态系统不同，稻田生态系统的物质循环是开放式的循环（图1-3）。水稻生产过程中，营养元素随水稻收获物而转移出去的量大，通过落叶、残茎、枯根遗留在稻田的量少，因而稻田生态系统氮、磷、钾等元素的自然供给远远不能满足水稻生长的需要，稻田的养分平衡自然调节能力很低，必须通过施肥、灌溉（以水带肥）、轮作（冬种豆科、绿肥作物）等措施补给。

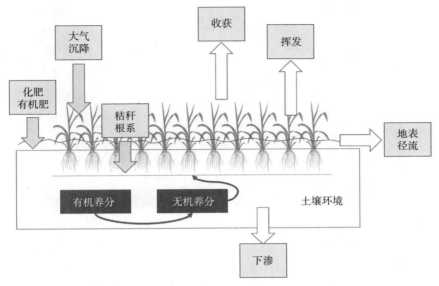

图 1-3　稻田生态系统物质循环示意图

第三节　稻渔综合种养的原理

稻渔综合种养将水产动物引入稻田中，形成水稻与水产动物共存复合群体和复合稻田生态系统。其依据的主要原理包括生物种间互惠、资源互补利用和水稻边行效应。

一、生物之间的互惠原理

设计良好的稻渔综合种养系统中，水稻和水产动物之间常能产生互惠效应（图 1-4）。一方面，水稻可为水产动物提供良好的环境，促进其活动（Xie 等，2011）。以浙江省稻-鱼系统为例，稻鱼系统和鱼单养系统的水体环境差异明显。例如，夏天的 7 月 29 日到 8 月 18 日（试验地一年中温度最高的时期），每天 12：00—14：00，稻鱼系统的水表面温度和光照强度显著低于鱼单养系统；此外，在水稻的生长季，稻鱼系统的水体中氨氮水平也显著低于鱼单养系统。由于水稻为鱼提供了较好的环境，因而稻鱼系统的鱼活动频率明显高于鱼单养系统，在酷暑的中午更是如此。鱼在田中活动范围、活动时间和活动强度的增加对于促进养分循环、物质互补利用均有正向效果。

图1-4 稻田系统水稻和水产动物的种间互惠示意图

此外，水产动物可为水稻去除病虫草害。纹枯病是水稻重要病害之一。研究表明，稻田物种多样性增加可明显控制纹枯病的发生。肖筱成等报道，稻田养鱼系统中，鱼食用水田中的病原菌菌核、菌丝，从而减少了病原菌侵染来源；同时，纹枯病多在水稻基部叶鞘开始发生，鱼类争食带有病斑的易腐烂叶鞘，及时清除了病源，延缓了病情的扩展。另外，鱼在田间穿行活动，不但可以改善田间通风透气状况，而且可增加水体的溶氧，促进稻株的根茎生长，增加抗病能力。试验调查结果认为：养鱼田纹枯病病情指数比未养鱼田平均低1.87。稻田养蟹对纹枯病也有一定的控制作用。吴达粉等报道，蟹可吞食纹枯病的病原菌菌核。养蟹稻田中，在稻栽插密度低、水质好等条件下，纹枯病的发生较轻。杨勇等对养蟹稻田的病害研究也表明，除纹枯病外，稻瘟病和稻曲病等的发生率也均低于常规稻田。实践证明，稻渔综合种养下水产动物能有效帮助控制虫害。肖筱成等报道，稻飞虱主要在水稻基部取食，鱼类的活动可以使植株上的害虫落水，进而取食落水虫体，减少稻飞虱的危害。同时，养鱼稻田中的水位一般较不养鱼稻田的深，稻基部露出水面高度不多，从而缩减了稻飞虱的危害范围，减轻稻飞虱的危害。试验结果表明，主养彭泽鲫的稻田稻飞虱虫口密度可降低 34.56% ～46.26%。但需要说明的是，鱼类只能在一定程度上减轻稻飞虱的危害。鱼的存在还使三代二化螟的产卵空间受到限制，降低四代二化螟的发生基数，对二化螟的危害也有一定的抑制作用。廖庆民发现，鲤对稻田中的昆虫有明显的吞食能力，特别是对稻飞虱有控制作用。对稻鱼系统的研究表明，鱼活动过程中碰撞水稻，导致稻飞虱掉落到水面，掉落在水面的稻飞虱被鱼进一步取食，这使得约 26% 的稻飞虱得到控制（Xie等，2011）。此外，鱼或其他水生生物在稻田中可通过取食或扰动等将杂草去除，控制率可达 39%～100%（Patra and Sinhababu，1995；Frei and Becker，2005；Xie 等，2011）。

二、资源互补利用原理

与水稻单作系统相比，稻渔综合种养系统同时有饲料氮和肥料氮的投入。以稻鱼系统为例，对此开展的研究揭示出水稻和水产动物可互补利用这两类氮素（图 1-5）。田间试验条件下，在稻鱼共作田块，投喂饲料条件下的水稻产量显著高于不投喂饲料田块。即使水稻单作系统的田块氮投入量比投喂饲料的稻鱼共作田块高出 36.5%，投喂饲料的稻鱼共作系统的水稻产量也有高于水稻单作系统的趋势。饲料的投入显著增加了鱼的产量。对氮在水稻单作、稻鱼共作和鱼单养三个系统中的流向分析表明，稻鱼共作和鱼单养系统投喂的饲料中分别仅有 11.1% 和 14.2% 的氮被鱼所同化。但是在稻鱼共作中，水稻利用了饲料中未被鱼利用的氮，减少了饲料氮在环境中（即土壤和水体中）的积累。比较投喂饲料和不投喂饲料条件下的稻鱼共作系统，水稻籽粒和秸秆中 31.8% 的氮来自饲料。稻鱼共作和鱼单养系统各自鱼体内氮总量的差值表明，化肥中 2.1% 的氮进入了鱼的体内。

采用稳定性同位素 ^{15}N 示踪研究稻鱼系统中水稻和鱼对输入氮素的互补利用。鱼和水稻通过对输入氮素（饲料和化肥）互补利用，增加了系统对输入氮素的利用率。其中水稻增加了系统对饲料氮素利用率（9.61%），鱼增加了系统对化肥氮素利用率（0.24%）。在整个生长季，饲料氮素投入量为 79.18 千克/公顷，其中有 9.61% 随水稻地上部分的收获离开系统，10.08% 被鱼同化，59.76% 保留在稻田表层土壤中（10 厘米）。试验结束后，土壤 ^{15}N 积累量明显增加。化肥氮素投入量为 75 千克/公顷，有 5.8% 随水稻地上部分的收获离开系统，0.24% 被鱼同化，7.8% 保留在稻田表层土壤中（10 厘米）。与化肥氮相比，鱼和水稻对饲料氮素利用率更高，且留在稻田表层土壤中的饲料氮更多。

鱼扰动土壤，增加了土壤孔隙度，从而使得营养物质更易接触水稻

须根而被高效利用。Vroment 等（2001）报道，稻田养鱼可增加水稻10%的生物量，衰老的稻叶掉进土壤，补充了土壤有机质库，间接促进了水稻对营养元素的吸收。Steffens 等（1989）和 Terjesen 等（2001）的研究证实，鱼排泄物中有 75%～85% 的氮是以铵离子的形态存在，而铵离子是水稻主要的氮摄入形式。因此，鱼能够将环境中原本不易被水稻吸收利用的氮形式转变成易于被水稻吸收利用的有效氮形式。综上所述，稻鱼系统中，水稻与鱼在资源利用上互利互补，两者或直接或间接地起到了提高系统资源利用效率、减少稻田养分流失的作用。稻田多物种共存的生态农业模式相较单一种养模式在养分高效利用方面有着其不争的优势。

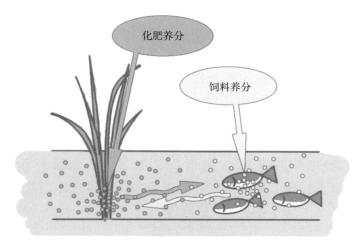

化肥养分

饲料养分

图 1-5　水稻和水产动物对养分互补利用示意图

三、边行效应原理

农业系统中的边行效应是指作物大田的边行作物的生长发育较内部各行表现良好，在同样密度下，边行单株产量大大高于内部各行单株。这主要是边行的光能和土壤养分条件优越造成的。作物合理间作套种能充分利用光能，混种能充分利用土壤养分。稻渔综合种养常常需要在稻田中布设沟坑，利于水产动物在田间充分活动，且在水稻收割和非汛期沟坑可作为水产动物的庇护所。稻田中沟坑布设后一般会产生边行（图 1-6），对不同类型沟坑边行效应的分析表明，边际第 1 行水稻个体平均能够比非临近沟坑区域的水稻个体增产 61.53%，而第 2 行至第 5

行的增产效应则从 16.88% 逐步降低至 10.87%。从稻田的整体水平来看，沟坑边行效应弥补效果也较为显著，平均达 80% 左右，且不同沟形弥补效果不一。在沟宽相同的条件下（约 54 厘米），环形沟对产量损失的弥补效果最佳，达到 95.89%，几乎可完全弥补沟坑占地所造成的损失；"十"字形沟次之，为 85.58%；条形沟的弥补效果最差，仅可弥补 58.02%。从土壤特性看，由于设置沟坑后有 2～3 次短暂的晒田，与对照相比，沟坑设置的处理土壤紧实度提高。

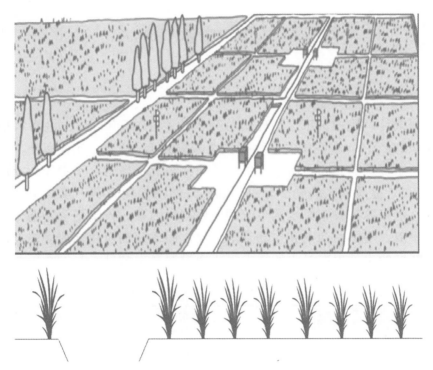

图 1-6　田间沟坑式样（上）和沟坑边行效应（下）示意图

综上，边行效应的主要原理包括两个方面：①最靠近沟坑的一行水稻与稻田中心的水稻相比具有更宽阔的地上和地下生长空间，整棵植株体具有更大的接受阳光直接照射的面积；②沟坑附近的区域是水产动物活动较为频繁的区域，具有更高的养分水平。从水稻产量的角度而言，需要在沟坑边行效应增加产量和水稻种植面积减少降低产量之间进行科学权衡。

第二章 稻渔综合种养发展的资源条件和推广潜力分析

第一节　资源基础

一、稻田资源

（一）稻田资源的分布

据统计，我国常年水稻种植总面积约 4.51 亿亩，约占世界水稻种植面积的 20%，占我国农作物播种总面积的 17.96%。除青海外，各地均有稻田资源的分布，但主要集中分布在东北、华南、华中和西南地区（表 2-1）。这些地区的夏季有效积温、日照条件均有利于水稻生产。在夏季，水资源的分布是水稻生产的主要制约因素。我国夏季降雨分布不均，华南、华中、西南和东北降雨量大，而华北和西北降雨量较少，这两个区域的水稻生产对水的需求需要通过灌溉来满足。

表 2-1　我国主要地区水稻种植面积、水稻生长季节积温和降水的分布*

主要省份	水稻面积（万公顷）	≥10℃的年积温（℃）	降水量（毫米）
福建、广东、广西、海南	433.551	6 500~8 000	1 200~2 400
上海、江苏、浙江、安徽、河南、湖北、湖南、江西	1 167.406	4 500~6 500	750~2 000
云南、贵州、四川、青海、西藏、重庆	403.213	3 000~6 000	850~1 400
河北、山东、山西、天津、北京	24.198	3 500~4 500	400~800
黑龙江、吉林、辽宁	516.005	2 000~3 500	300~1 000
新疆、甘肃、内蒙古、宁夏、陕西	39.458	2 200~4 000	30~600

注：* 数据来源于《中国农业统计年鉴 2020》。

（二）不同稻作区特点

水稻属喜温好湿的短日照作物。影响水稻分布和分区的主要生态因子包括：①热量资源。一般年积温（≥10℃）2 000～4 500℃的地方适于种一季稻，4 500～7 000℃的地方适于种两季稻，5 300℃是双季稻的安全界限，7 000℃以上的地方可以种三季稻。②水分。水分影响水稻布局，体现在"以水定稻"的原则。③日照。日照时长影响水稻生产能力。④海拔。海拔高度的变化通过气温变化影响水稻的分布。⑤水稻土。良好的水稻土应具有较高的保水、保肥能力，又应具有一定的渗透性，酸碱度接近中性。根据水热状况，我国稻田可划分为六大稻作区：华南双季稻稻作区、华中单双季稻稻作区、西南高原单季稻稻作区、华北单季稻稻作区、东北早熟单季稻稻作区和西北干燥单季稻稻作区。

1. 华南双季稻稻作区

该区位于南岭以南，包括云南西南部，广东、广西的中部和南部，福建东南部，台湾以及海南。稻田多分布在沿海和江河沿岸的冲积平原，以及丘陵山区和山间盆地。广东省的珠江三角洲、韩江平原、鉴江丘陵、雷州台地，福建省沿海的福州、漳州、泉州、莆田平原，广西壮族自治区的西江沿岸，云南省澜沧江、怒江下游，台湾省西部平原，都是稻田较集中的地带，约占我国稻田面积的17%。年积温（≥10℃）5 800～9 300℃，年日照1 500～2 600 小时，年降水量1 200～2 500毫米，年有效灌溉面积4.606 8×10⁶公顷。

2. 华中单双季稻稻作区

位于淮河、秦岭以南，南岭以北。包括江苏、安徽的中部和南部，河南、陕西的南部，四川东部，浙江、湖南、湖北、江西及上海，广东和广西北部，福建中、北部。稻田多分布在江河、湖泊沿岸的冲积平原和丘陵以及山间盆地，约占我国稻田面积的65.5%，是我国最大的稻作区。年积温（≥10℃）4 500～6 500℃，年日照时数1 200～2 300 小时，年降水量800～2 000 毫米，年有效灌溉面积11.247 9×10⁶公顷。

3. 华北单季稻稻作区

位于秦岭、淮河以北，长城以南。包括辽宁辽东半岛，天津、北京两市，河北省的张家口至内蒙古自治区多伦一线以南部分，山西，陕西秦岭以北的东南大部，宁夏固原以南的黄土高原，甘肃省兰州以东，河南省中北部，山东省全部，以及江苏、安徽两省的淮北地区，约占我国稻田面积的8%。年积温（≥10℃）4 000～5 000℃，年日照时数2 000～3 000 小时，年降水量350～1 100 毫米，年有效灌溉面积11.333 5×10⁶公顷。

4. 东北早熟单季稻稻作区

位于辽东半岛西北，长城以北，大兴安岭以东地区。包括黑龙江省东部，吉林省全部，辽宁省的中北部，约占我国稻田面积的2.5%。年积温（≥10℃）2 000～3 700℃，年日照时数2 200～3 100小时，年降水量2 200～3 100毫米，年有效灌溉面积9.777×10⁶公顷。

5. 西北干燥区单季稻稻作区

位于大兴安岭以西，长城、祁连山、青藏高原以北地区。包括黑龙江省大兴安岭以西，内蒙古自治区全境，甘肃省西北部，宁夏回族自治区的大部，陕西省北部，河北省北部，新疆维吾尔自治区全部，仅占我国稻田面积的0.5%左右。年积温（≥10℃）2 000～4 250℃，年日照时数2 500～3 400小时，年降水量50～600毫米，年有效灌溉面积7.139 6×10⁶公顷。

6. 西南高原单季稻稻作区

位于我国西南部，包括贵州省大部，云南省中、北部，四川省北部的甘孜、阿坝，青海省以及西藏自治区的零星稻区。稻田主要分布在云贵高原海拔2 700米以下的河川谷地和山坡梯田，约占我国稻田面积的6.5%，年积温（≥10℃）2 900～8 000℃，年日照时数1 200～2 600小时，年降水量800～1 400毫米，年有效灌溉面积6.447×10⁶公顷。

二、品种资源

（一）水稻品种

与常规种稻相比，稻渔综合种养系统具有稻田长期淹水且维持较高水位、水稻种植密度较低、有效穗数偏低等特点，因此在种植过程中易出现倒伏、不耐肥、抗病力差、产量低等一系列问题。在稻渔综合种养过程中，需要综合考量耕作制度、季节、养殖类型，依据当地稻作方式、气候条件、水文条件以及套养水产动物的特性要求，遵守因地制宜的根本原则，参照成功种养的典型案例，筛选适宜稻渔共作的水稻品种。一般来说，适宜水稻品种应该具有耐长期淹水、抗倒伏、耐肥等基本特征，品种全生育期保持直立，茎秆强韧，根系发达，以形成适宜种养的微生态立体构型，此外便于成熟期收获。

由于长期淹水，分蘖优势不明显、总有效穗数偏少是稻渔种养系统下水稻的常态特征。所以，在稻渔综合种养系统的水肥管理条件下，即使有优良品种，在管理策略上也应有所调整。一般可将增蘖保蘖的策略调整为插足基本苗或主攻大穗来保证产量。采用大穗型品种更易维持较高的产量水平。

此外，在南方地区还需要考虑生育期适宜的品种，以便于通过茬口衔接技术，利用冬闲田或水稻种植的空闲期开展水产养殖，不影响水稻生产。另一方面，为了提升种植效益，使稻米生产更趋于绿色生产，还可以考虑选择品质优良、抗病性强的品种。

根据不同套养水产动物的特性，在水稻的选择上也有不同：稻鳖共作、轮作宜选择茎秆粗壮、不易倒伏，耐肥、抗病力强，品质优的品种；稻虾连作、共作宜选择叶片开张角度小，耐肥、抗病虫害，分蘖力强，抗倒伏的紧穗型品种；稻蟹共作宜选择茎秆粗壮、叶片直立，株型紧凑，生长期长、分蘖力强，耐深水、耐肥、抗倒伏、抗病虫害，丰产性能好的品种；稻鱼共作宜选择耐肥、抗病力强，不易倒伏，生长期较长的晚熟水稻品种；稻鳅共作宜选择株型中等偏上，秸秆坚硬、不易倒伏，分蘖力强，抗病力、抗虫害能力强的品种。

（二）水产品种

根据稻田的浅水环境水温、溶氧条件变化较大的特点，适宜在稻田环境下养殖的水产经济动物一般具有以下特点：

（1）体型较小，能适应稻田浅水环境，较大型的鱼类以 1 龄鱼为主。

（2）能够适应较大温度变化，能较好适应低溶氧。

（3）生长周期短、生长速度快，中下层栖息。

（4）食性上以草食性、杂食性为主。

（5）经济价值高、产业化发展前景好，如鳖、克氏原螯虾、中华绒螯蟹、泥鳅等。

（6）易实现规模化、批量化繁育。

目前，稻渔综合种养模式已经由单纯的"稻鱼共生"发展为稻、鱼、蟹、虾、鳖等共作和轮作多种模式。养殖品种也呈现出多样化趋势，其中养殖鱼类主要包括鲤、泥鳅、鲫、罗非鱼、草鱼、鲢、鳙、黄鳝等；养殖淡水虾主要包括克氏原螯虾、青虾和罗氏沼虾等；养殖蟹一般以中华绒螯蟹的长江水系和辽河水系两个品种为主；养殖鳖一般以中华鳖为主。

第二节 需求和政策分析

一、市场需求

随着我国国民经济的发展，人民生活水平逐渐提高，消费者对食品安全、食味品质和外观品质的要求越来越高。为满足人民日益增长的美好生活需要，农业生产不仅需要向市场提供数量充裕的粮食，而且要加快推进农业转型升级，推动农业供给侧结构性改革，通过转方式、调结构、促升级，促进农渔业提质增效，扩大优质农产品供给。

稻渔综合种养通过"一水两用，一地双收"，将种植业和水产养殖业有机融合。稻渔综合种养充分利用了水稻和水产动物之间的互惠共生原理，使稻田内的水资源、杂草资源、水生动物资源、昆虫以及其他物质和能量更加充分地被养殖的水产动物利用，并通过水产动物的活动，达到为稻田除草、除虫、疏土和增肥的目的，最终实现稳粮、促渔、增效、提质及生态修复等多重功效，并为市场提供大量优质安全渔米产品。据统计，2020年，稻渔综合种养水产品产量超过325万吨，在淡水养殖水产品产量中占比超过10%，成为我国淡水水产品的重要来源。在水产品方面，全国86%以上的小龙虾通过稻渔综合种养方式生产；并产出了"荷花鲤""禾花鱼""青田鳖"等一大批地方特色名优水产品。在稻米方面，生产者将"绿色、生态、优质、安全"的理念融入生产、加工、销售和品牌宣传中，打造了虾稻米、蟹稻米、稻花鱼大米等一大批品牌大米，极大地丰富了城乡居民"菜篮子"，满足了中高端消费群体的需求。

二、产业发展需求

水稻是我国主要粮食作物，年产量近2亿吨，约占粮食总产量的35%，作为全国约65%人口的主食。水稻生产是我国粮食安全的重要保障。然而，当前单一种植水稻效益比较低，一些地区仅靠水稻种植尚不能负担家庭日常开支，严重影响了农民种稻积极性，导致部分地区出现稻田撂荒闲置和"非粮化""非农化"问题。同时，单一化种植区域形成的脆弱生态系统，又是导致生产模式粗放、面源污染严重、现代农业建设产业基础薄弱等问题的主要因素之一。

另一方面，随着工业化、城镇化的快速推进，大量重要渔业水域被挤占，渔业资源利用方式粗放等问题也逐步凸显。如何突破资源环境约束和适应新时期价格成本要素变化，实现可持续发展，是当前渔业发展面临的一个重要战略问题。

稻渔综合种养是在传统稻田养鱼模式基础上，为适应产业转型升级需要逐步发展而来。经历了不断的技术创新、品种优化和模式探索，近年来，我国稻渔综合种养产业已经走出了一条产业高效、产品安全、资源节约、环境友好的发展之路。

稻渔综合种养可以有效促进水稻种植与水产养殖协调绿色发展，既破解了国家"要粮"和农民"要钱"的矛盾，又解决了渔业"要空间"的问题。因此，发展稻渔综合种养既是促进稳粮增收的有效手段，也是渔业转方式调结构的重点方向。作为投入少、周期短、见效快的"短、平、快"生态型农业，稻渔综合种养具备可复制、可推广、可持续的优点，与传统水稻种植和渔业养殖相比优势突出，也受到越来越多的种粮大户和水产养殖户的青睐。

此外，稻渔综合种养可实现农业生产与农耕文化的结合，促进三产协调发展，在促进产城融合、区域融合发展和农民就近城镇化等方面也具有较大的潜力。

三、政策支持

在当前全面实施乡村振兴战略的大背景下，作为生态循环农业发展的典型模式之一，稻渔综合种养是落实"藏粮于地、藏粮于技"战略要求的具体体现，既保证了粮食生产，又增加了水产品产量，同时改善了农产品品质；通过"一水两用，一地双收"，实现稳粮、促渔、增效、提质、生态等多种功效。因此，作为促进农业绿色发展、实现乡村振兴的重要途径，近年来，稻渔综合种养得到了国家的大力推动和扶持（表 2-2）（顾娟，2020）。

表 2-2　国家对稻渔综合种养扶持政策

发布时间	文件名称	内容要点
2015 年	《国务院办公厅关于加快转变农业发展方式的意见》	开展稻田综合种养技术示范
2016年至2019 年	中央 1 号文件	分别提出"推动种养结合""推进稻田综合种养""发展绿色生态健康养殖""发展生态循环农业"

（续）

发布时间	文件名称	内容要点
2016 年	《全国农业现代化规划（2016—2020 年）》	推进稻田综合种养
2016 年	《全国渔业发展第十三个五年规划（2016—2020 年）》	提出"启动稻渔综合种养工程"，要求"推进稻鱼、稻虾、稻蟹、稻鳖、稻蛙、鱼菜共生以及养殖品种轮作等综合种养模式的示范推广
2017 年	《关于组织开展国家级稻渔综合种养示范区创建工作的通知》	从当年开始"利用三年左右的时间，在全国稻渔综合种养重点地区，创建 100 个国家级稻渔综合种养示范区"
2017 年	《农业部〈种养结合循环农业示范工程建设规划（2017—2020）〉》	国家高度重视种养结合循环农业和农业循环经济发展
2018 年	《农业部关于大力实施乡村振兴战略加快推进农业转型升级的意见》	提出"推广稻渔综合种养"
2019 年	《关于加快推进水产养殖业绿色发展的若干意见》	明确要求"积极拓展养殖空间，大力推广稻渔综合种养，提高稻田综合效益，实现稳粮促渔、提质增效"
2019 年	《国务院关于促进乡村产业振兴的指导意见》	明确发展"稻渔共生"等"多类型融合业态"

第三节　推广潜力分析（以稻鱼综合种养为例）

稻田浅水环境为许多水产动物提供了生境，也为稻渔综合种养产业的发展提供了基础。目前我国用于稻渔综合种养的水产动物主要分为鱼、虾、蟹、鳖、鳅 5 类。根据这 5 大类水产动物主要种类——鲤、泥鳅、中华绒螯蟹、克氏原螯虾和中华鳖的温度适应性（表 2-3）和稻作区的热量资源条件，对这 5 种水产动物不同稻作区的适宜性进行分析。总体而言，除了青藏高原、内蒙古高原的部分区域和东北平原的部分区域以外，全国范围内的其他地区，在 5—10 月期间均能在温度条件上不同程度地满足各水产品种的需求（胡亮亮等，2016）。

表 2-3　不同水产品种对水温（℃）的适应性

品种	进食低温阈值	缓慢生长低温范围	适宜生长温度范围（最适温度范围）	缓慢生长高温范围	进食高温阈值
鱼类					
鲤	8	8～15	15～32（24～28）	32～35	35
泥鳅	6	6～15	15～30（24～28）	30～34	34

（续）

品种	进食低温阈值	缓慢生长低温范围	适宜生长温度范围（最适温度范围）	缓慢生长高温范围	进食高温阈值
甲壳类					
中华绒螯蟹	5	5～10	10～30 （22～28）	30～35	35
克氏原螯虾	10	10～18	18～31 （22～30）	31～35	35
爬行类					
中华鳖	15	15～20	20～33 （25～30）	—	—

但是，一个区域的稻田是否适合发展稻渔综合种养，除了受稻田和水热条件影响外，还常常受到当地社会经济条件的影响。为此，以稻鱼（鲤）综合种养模式为例，从推广的角度，对我国南方 10 省（自治区、直辖市）（湖南、四川、浙江、福建、江西、贵州、云南、重庆、广东和广西）为目标区域进行推广潜力分析，通过构建南方 10 省（自治区、直辖市）的稻田空间分布和地理信息数据库以及指标的层级模型，采用线性加权评分的方法，从自然因素和社会经济因素两个方面初步确定稻鱼共生系统不同推广优先等级的地理分布和面积规模，并估测不同推广情景下稻田的鱼产量（胡亮亮等，2019）。

分析表明，在南方 10 省（自治区、直辖市）范围内，自然因素得分，中部和西部地区较高；而社会经济因素，中部和东部地区分值较高。四川盆地、长江中下游地区、沿海地区在自然因素和社会经济因素上均有较高的推广优先级，云贵川高原在自然因素上非常适合稻鱼共生系统，但是从社会经济因素来看不适合推广。

属于最适合推广稻鱼共生系统的区域（等级 1）和最不适合推广的区域（等级 4）大约各占 1/3，均约为 $3.6×10^6$ 公顷（表 2-4）。此外，根据推广稻鱼共生系统的优先级分类标准对南方稻田栅格进行分类，相同等级的稻田栅格具有明显的聚集分布效应，符合临近地理空间的相似性原理。总体而言，等级 1 和 2 的稻田比等级 3 和 4 的稻田具有更高的聚集性。

表 2-4　研究区域内稻田不同推广优先等级的面积、不同推广优先等级的平均得分（Mean±SD）和生产潜力

（胡亮亮等，2019）

等级	稻田面积（×10⁶公顷）	面积占比（%）	得分	推广模式	最大鱼产量（吨/公顷）*
1	3.59	29.56	0.54±0.04	集约型	3.77

（续）

等级	稻田面积 （×10⁶公顷）	面积占比 （%）	得分	推广模式	最大鱼产量 （吨/公顷）*
2	2.05	16.85	0.49±0.04	集约型	2.15
				粗放型	0.62
3	2.94	24.20	0.46±0.03	集约型	3.09
4	3.57	29.40	0.41±0.03	—	—

注：* 最大鱼产量是指所有稻田都推广稻鱼共生系统时的鱼总产量。

  据此分析，不同省份的稻田总面积差异很大，而各等级稻田所占的比例也有显著的差异（图 2-1）。湖南、四川、江西和浙江 4 省包含了等级 1 和 2 的大部分稻田，在省内面积占比都超过了 50%。重庆的稻田中等级 1 和 2 的比例也达到了 50%，不过在总量上显著小于前 4 个省份。而在广西、广东、福建、云南和贵州，等级 1 和 2 的比例都较小，尤其是云南和贵州的稻田基本上都属于等级 3 和等级 4。

  目前南方 10 省（自治区、直辖市）仅有 8% 的稻田被用于稻渔综合种养。其中，四川、云南、贵州的比例都超过了 10%，远高于其他省份。

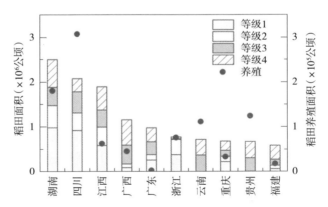

图 2-1 不同省份稻田不同推广优先级面积（左 Y 轴）和
2016 年稻田水产养殖面积统计数据（右 Y 轴）
图中的左右坐标轴尺度设置为 10∶1（如在灰色等值线上，稻田水产养殖面积占稻田面积的 10%）
（胡亮亮等，2019）

  由于不同省份的推广潜力不同，因此所采取的推广策略也应该加以区别。湖南、四川、江西、广东、浙江和重庆 6 省（直辖市）现有稻田养殖面积远远没有达到等级 1 的稻田面积，应该在这些稻田上大力推广集约型稻渔模式。广西和福建的现有稻田养殖面积与等级 1 的稻田面积之间差距较小，应该在等级 1 的稻田加以推广的同时，提高目前已有稻鱼共生系统的生产力水平，从粗放型和半粗放型模式向集约型模式转型。云南和贵州现有稻田养殖面积已经大大超过等级 1 的稻田面积，这主要是因为两省的社会经济条件相对于其他省份而言处于较低水平，而根据本研究的分类标准，两省的稻田 98％以上都属于等级 3 和等级 4。由于云南和贵州的少数民族人口比例大，稻鱼共生系统是他们保障粮食安全和提高生活水平的重要生计手段，因此在自然条件较好的等级 3 稻田中应优先推广粗放型和半粗放型模式。

第三章

稻渔综合种养技术模式和产业发展情况

第一节 发展历史

我国稻田养鱼历史悠久，是世界上最早开展稻田养鱼的国家。根据陕西勉县出土的红陶水田模型等考古资料，稻田养鱼早在公元100年前就已出现在汉中盆地的两季田中。最早的史料记载则见于三国时期曹操（公元155—220年）撰写的《四时食制》，其中记载："郫县子鱼，黄鳞赤尾，出稻田，可以为酱。"至唐昭宗年间（公元889—904年），稻田养鱼的方式及其作用就有了明确的记载。稻田养鱼反映了我国古代先民原始朴素的动植物共生互促理念的萌芽和运用。但由于生产力低下，直到新中国成立前，我国稻田养鱼基本都处于自然发展状态。民国时期，有单位已经开始进行稻田养鱼试验，并向农民开展技术指导，但由于多年战乱，稻田养鱼的规模发展和技术研究受到了极大制约。新中国成立后，我国稻田养鱼开始逐步发展，截至目前，可粗略划分为5个阶段。

一、恢复发展阶段

新中国成立后，在党和政府的重视下，我国传统的稻田养鱼迅速得到恢复和发展。1953年第三届全国水产工作会议号召试行稻田兼作鱼；1954年第四届全国水产工作会议上，时任中共中央农村部部长邓子恢指出："稻田养鱼有利，要发展稻田养鱼"，正式提出了"鼓励渔农发展和提高稻田养鱼"的号召，全国各地稻田养鱼有了迅猛发展，1959年全国稻田养鱼面积突破1 000万亩；此后20年，由于政治原因及家鱼人工繁殖技术未大面积推广应用，鱼苗供应受限，加之农药的大量使用影响水产品质量，使种稻与养鱼发生了矛盾，导致一度兴旺的稻田养鱼急骤中落。直到 20 世纪 70 年代末，政府逐步重视发展水产事业，以及家庭联产承包责任制的出现和普遍施行，加之稻种的改良和低毒农药的出现，为产业注入了新的发展动力，稻田养鱼又进入了新的发展阶段。

二、技术体系建立阶段

1981 年中国科学院水生生物研究所时任副所长倪达书研究员提出了稻鱼共生理论并向中央致信建议推广稻田养鱼，得到了当时国家水产总局的重视；1983 年农牧渔业部在四川召开了全国第一次稻田养鱼经验交流现场会，鼓励和推动全国稻田养鱼迅速恢复和进一步发展，稻田养鱼在全国得到了普遍推广；1984 年国家经济贸易委员会把稻田养鱼列入新技术开发项目，在北京、河北、湖北、湖南、广东、广西、陕西、四川、重庆、贵州、云南等 18 个省份广泛推广；1986 年全国稻田养鱼面积达 1 038 万亩，产鱼 9.8 万吨；1987 年达 1 194 万亩，产鱼 10.6 万吨（图 3-1）；1988 年中国农业科学院和中国水产科学研究院在江苏联合召开了"中国稻-鱼结合学术研讨会"，使稻田养鱼的理论有了新的发展，技术有了进一步完善和提高；1990 年农业部在重庆召开了全国第二次稻田养鱼经验交流会，总结经验并分析问题，提出了指导思想和发展目标，并先后制定了全国稻田养鱼"八五""九五"规划。

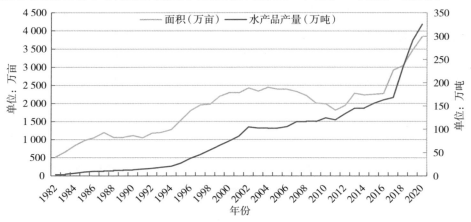

图 3-1 1982—2020 年稻田养鱼/稻渔综合种养面积和水产品产量变化

三、快速发展阶段

1994 年农业部召开了第三次全国稻田养鱼（蟹）现场经验交流会，

时任常务副部长吴亦侠出席了会议并作重要讲话，他指出："发展稻田养鱼不仅仅是一项新的生产技术措施，而是在农村中一项具有综合效益的系统工程，既是抓'米袋子'，又是抓'菜篮子'，也是抓群众的'钱夹子'，是一项一举多得、利国利民、振兴农村经济的重大举措，一件具有长远战略意义的事情。"同年12月，经国务院同意，农业部向全国农业、水产、水利部门印发了《关于加快发展稻田养鱼，促进粮食稳定增产和农民增收的意见》的通知。1996年4月、2000年8月农业部又陆续召开了两次全国稻田养鱼现场经验交流会。2000年，我国稻田养鱼发展到2 000多万亩，成为世界上最大稻田养鱼国家，稻田养鱼作为农业稳粮、农民脱贫致富的重要措施，得到各级政府的重视和支持。

四、转型升级阶段

进入新世纪，为克服传统的稻田养鱼模式品种单一、经营分散、规模较小、效益较低等问题，适应新时期农业农村发展的要求，"稻田养鱼"推进到了"稻渔综合种养"的新阶段。稻渔综合种养是指通过对稻田实施工程化改造，构建稻渔共作轮作系统，通过规模化开发、产业化经营、标准化生产、品牌化运作，实现稳定水稻生产、新增水产品供给、提高经济效益、显著减少稻田农药化肥施用量等，是一种现代生态循环农业发展模式。"以渔促稻、稳粮增效、质量安全、生态环保"是这一新阶段的突出特征。2007年"稻田生态养殖技术"入选2008—2010年渔业科技入户主推技术。党的十七大以后，随着我国农村土地流转政策不断明确，农业产业化步伐加快，稻田规模经营成为可能，各地纷纷结合实际，探索了稻鱼、稻蟹、稻虾、稻鳖、稻蛙、稻鳅等新模式和新技术，并涌现出一大批以特种经济品种为主导，以标准化生产、规模化开发、产业化经营为特征的千亩甚至万亩连片的稻渔综合种养典型，取得了显著的经济、社会、生态效益，得到了各地政府的高度重视和农民的积极响应。从20世纪末到2010年，随着效益农业的兴起，稻田养鱼由于比较效益较高而被大力推广，为广大稻区农民的增收做出了重要的贡献。但同时由于生产实践中农渔民开挖鱼坑鱼沟没有限制，引起了社会对水稻种植可持续发展的普遍担忧。自2004年开始，稻渔综合种养面积出现下降，一度从2 445万亩下降到2011年的1 812万亩。

该时期尽管种养面积下降，但由于技术的进步，水产品养殖产量仍稳定在110万吨以上。养殖单位产量从2001年的37.04千克/亩提高到2011年的66.22千克/亩。

五、新一轮高效发展阶段

2011年是近20年稻渔综合种养面积的最低点，此后止跌回升。2011年，农业部渔业局将发展稻田综合种养列入了《全国渔业发展第十二个五年规划（2011—2015年）》，作为拓展水产养殖业发展空间的重点领域。自此，10年来，从中央到地方，出台了大量扶持和规范稻渔综合种养产业发展的政策。2016年，中央1号文件提出"启动实施种养结合循环农业示范工程，推动种养结合、农牧循环发展"。2017年，中央1号文件明确提出"推进稻田综合种养"。2017年5月，农业部部署国家级稻渔综合种养示范区创建工作，共创建2批67个国家级稻渔综合种养示范区；同年6月，农业部在湖北省召开了全国稻渔综合种养现场会，时任副部长于康震提出"要走出一条产出高效、产品安全、资源节约、环境友好的稻渔综合种养产业发展道路"。2019年，经国务院同意，农业农村部等10部门联合印发了《关于加快推进水产养殖业绿色发展的若干意见》，作为当前和今后一个时期指导我国水产养殖业绿色发展的纲领性文件，提出"大力推广稻渔综合种养，提高稻田综合效益，实现稳粮促渔、提质增效"。2020年6月9日，习近平总书记视察了宁夏贺兰县稻渔空间乡村生态观光园，了解稻渔种养业融合发展的创新做法，给予了高度肯定，同时提出要注意解决好稻水矛盾，采用节水技术，积极发展节水型、高附加值的种养业。地方上，近年来湖北、安徽、江苏、浙江等稻渔综合种养主要省份均出台了相关规划或指导意见。如2018年，安徽省出台了《关于稻渔综合种养百千万工程的实施意见》；2019年，湖北省出台了《湖北省"虾稻共作　稻渔种养"产业发展规划（2019—2022）》，江苏省出台了《关于加快推进稻田综合种养发展的指导意见》，浙江省出台了《浙江省稻渔综合种养百万工程（2019—2022年）实施意见》。大量政策的出台，促进了稻渔综合种养迅速发展。截至2020年，我国稻渔综合种养面积突破3 800万亩，达到历史新高。

这一时期，规范发展成为稻渔综合种养产业发展的主基调，也是支

撑种养规模不断扩大的根本。2017年《稻渔综合种养技术规范 第1部分：通则》（以下简称《通则》）发布，提出了稻渔综合种养规范发展的主要技术指标和要求。此后从中央到地方的相关政策要求基本采纳《通则》相关条款。2019年4月，农业农村部发布《关于规范稻渔综合种养产业发展的通知》；2020年，国务院办公厅出台《关于防止耕地"非粮化"稳定粮食生产的意见》（国办发〔2020〕44号）；同年，农业农村部在四川省召开全国稻渔综合种养发展提升现场会，明确要求推进稻渔综合种养高质量发展，要处理好"稻"和"渔"、"粮"和"钱"、"土"和"水"等关系。

技术进步成为推动稻渔综合种养持续快速发展的关键。2012年，农业部组织开展了稻田综合种养技术集成与示范推广专项和"稻-渔"耦合养殖技术研究与示范公益性行业专项。2016年，全国水产技术推广总站、上海海洋大学联合发起成立了中国稻渔综合种养产业技术创新战略联盟（现更名为中国稻渔综合种养产业协同创新平台），成功打造了"政、产、学、研、推、用"六位一体的稻渔综合种养产业体系。2019年、2020年连续两年，国家重点研发计划"蓝色粮仓科技创新"重点专项将稻渔综合种养纳入其中。各地因地制宜、积极探索实践，在原有技术模式基础上再进行集成创新，并制定相应技术规程、标准等，形成了技术先进和标准化水平高、适宜区域化推广的各类技术模式。

在政策支持、技术进步、市场需求广阔等因素的叠加下，我国稻渔综合种养发展已步入大有可为的战略机遇期。

第二节 产业现状

一、产业规模

2020年，我国稻渔综合种养面积达到3 848万亩，水产品产量325万吨，均创历史新高。

（一）种养面积

2020年，我国稻渔综合种养分布于全国27个省（自治区、直辖市）（未包括港澳台地区，下同），仅北京、甘肃、青海、西藏未有。其中，湖北、湖南、安徽、四川、江苏、贵州、江西、云南、河南、黑龙江、辽宁等11省种养面积超100万亩（图3-2）。

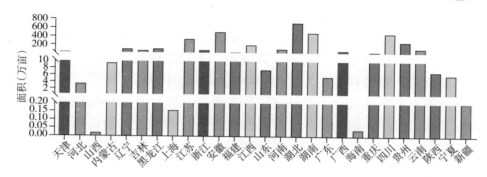

图 3-2 2020 年我国各省份稻渔综合种养面积

（二）水产品产量

2020 年，我国稻渔综合种养水产品产量占我国淡水养殖总产量的 10.54%，已成为我国淡水养殖重要的组成部分，为我国优质水产品有效供给做出了重要贡献。其中，湖北、湖南、安徽、四川、江苏、江西、浙江等 7 省水产品产量超 10 万吨，合计 290.52 万吨，占种养水产品总产量的 89%（图 3-3）。

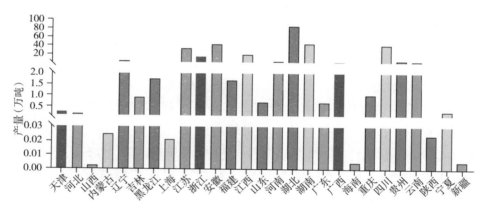

图 3-3 2020 年我国各省份稻渔综合种养水产品产量

二、主要模式介绍

至 2019 年，我国稻渔综合种养 7 种主要模式分别为稻小龙虾种养、稻鱼种养、稻蟹种养、稻鳅种养、稻鳖种养、稻螺种养和稻蛙种养。

（一）稻虾种养模式

1. 基本情况

稻虾种养是一种以涝渍水田为基础，以种稻为中心，以稻草还田养

27

虾为特点的复合生态系统构建的绿色农业种养模式，可实现经济和生态效益的双丰收。由于该模式水稻种植和虾类养殖在时间和空间上基本不重叠，茬口衔接技术相对简单，因此近年来发展迅猛。不同于稻鱼模式和稻蟹模式，稻虾种养在其30多年的发展历史中陆续引入了许多不同的虾类物种，主要可以分为鳌虾（克氏原鳌虾，即小龙虾）和沼虾（日本沼虾和罗氏沼虾）两大类。目前，养殖面积及产量最大的是稻小龙虾种养模式。2019年，稻小龙虾种养面积、水产品产量分别为1 658.15万亩、177.25万吨，约占全国稻渔综合种养总面积、水产品总产量的48%、62%。稻小龙虾种养模式主要分布在我国长江中下游地区，其中湖北、安徽、湖南、江苏、江西5省产量占全国的97.23%。

2. 典型模式

稻虾种养是利用水稻种植的空闲期养殖虾类。水稻种植和虾类养殖在稻田中的能量流动和物质循环上实现了互补，从而提高了稻田利用效率，减少了农药和化肥的使用，在力争水稻不减产的情况下，提高稻田的产出和效益。近年来该模式发展迅速，现已具有多种典型模式，其中技术体系较为成熟的包括湖北省的稻小龙虾连作、共作模式，以及新发展的繁养分离模式；江苏省根据不同的稻田情况形成的"一稻一虾""一稻两虾"和"一稻三虾"等模式。

3. 经济效益

稻虾种养通过构建稻虾连作和共作系统，技术和管理水平较好的可实现水稻亩产500～600千克，小龙虾亩产50～100千克。以湖北省为例，2018年湖北省稻虾种养小龙虾平均亩产量约120千克，与同等条件下水稻单作对比，单位面积化肥、农药施用量平均减少30%以上，亩均增收2 500元左右。

（二）稻鱼种养模式

1. 基本情况

稻鱼种养通过改变水产养殖方式，以稻田湿地为养殖水体，将水产养殖与水稻种植有机结合起来，通过充分利用鱼与稻的生态互惠作用来减少饲料、肥料等养殖、种植物料的投入，从而减少水产养殖和水稻种植向水体环境排放氮、磷等物质，减少水体污染风险。稻田养鱼的历史比较悠久，如浙江省青田县稻田养鱼距今已有1 200多年的历史，是全球重要农业文化遗产保护项目，构成了世界上独特的农业景观。

2019 年，稻鱼种养面积、水产品产量分别为 1 439.41 万亩、85.69 万吨，约占全国稻渔综合种养总面积、水产品总产量的 42%、30%。稻鱼种养模式在全国广泛分布，也是山区、丘陵地区开展稻渔综合种养的主要模式，其中四川、湖南、贵州、广西、云南 5 省区产量占全国稻鱼模式总产量的 94.11%。

2. 典型模式

稻鱼种养模式中，最为人所熟知的是浙江省青田县的稻鱼共生系统。2005 年 4 月，青田县的稻鱼共生系统被联合国粮食及农业组织（FAO）列为全球重要农业文化遗产保护项目。目前稻鱼种养模式较多，典型模式有"浙江丽水丘陵山区稻鱼共作""江西万载平原地区稻鱼共作""云南元阳哈尼梯田稻鱼鸭综合种养""贵州山区稻鱼共作＋轮作""广西一季稻＋再生＋稻鱼"等。

3. 经济效益

以浙江省丽水市青田县、景宁县等地为例，推广水稻以单季稻为主，部分为再生稻，放养鱼品种为瓯江彩鲤等。单季稻：4 月下旬至 5 月上旬播种，9 月下旬至 10 月上旬收割。鱼：4 月下旬至 6 月上旬放鱼种，9 月下旬至 10 月下旬捕大留小续养。单季稻水稻亩产可达 550 千克，产鱼 75 千克，亩净利润 3 000 余元。

（三）稻蟹种养模式

1. 基本情况

稻蟹种养，是基于食物链理论、生态位理论和种间互利共生理论，采用种植与养殖相结合的方法来获得稻蟹双丰收的立体农业生态模式。稻田能为河蟹提供良好的栖息及隐蔽场所，稻田土质松软、溶氧充足、水温适宜、营养充足，这些因素都有利于河蟹的活动；稻田中的植物（浮萍和多种维管束植物，如马来眼子菜、喜旱莲子草、轮叶黑藻、菹草、小茨藻和苦草等）和动物（如腐败的动物尸体、小鱼虾、螺蚌肉、水蚯蚓和昆虫等）都可作为河蟹的天然饵料。不少研究表明，河蟹为稻田除去杂草和害虫，减轻了虫害的发生，减少了农药施用，保护了环境；河蟹在稻田内的爬行和挖掘等活动则能起到松动田泥的作用，促进肥料的分解和土壤的透气，从而有利于水稻的生长。目前，主要是长江水系和辽河水系河蟹用于稻田养殖。稻蟹种养模式主要分布于我国东北、华北、西北地区以及江苏、天津等沿海省份，其中辽宁、江苏、吉

林、湖南、天津等 5 省份的产量占稻蟹种养模式产量的 92.43%。

2. 典型模式

根据我国主要养殖的河蟹品系，可以将稻田人工养殖河蟹分为两种模式：一种是扣蟹培育，另一种是从扣蟹至成蟹的养殖。其中扣蟹培育必须满足单季稻中稻稻田的气温在全年最高月份的平均温度低于 30.47℃。根据这一约束因子和各稻作区的温度条件，大部分省份的中稻稻田均适宜扣蟹培育。而对于从扣蟹至成蟹养殖，全国各大稻作区的双季稻早稻、单季稻中稻以及华南稻作区双季稻晚稻稻田均适合。而有实验表明，辽河水系适宜温度较低的西北、东北以及华北北部平原稻作亚区；而长江水系则适宜温暖的华南、华中、西南以及华北黄淮平原稻作亚区。目前，稻蟹种养较为成熟的典型模式包括辽宁"盘山模式"、宁夏"蟹稻共作模式"等。

3. 经济效益

稻蟹种养利用稻蟹互惠共生的原理，合理解决了种植业与养殖业的矛盾冲突，实现了水土资源的高效利用，避免了农药、化肥在稻田中的大规模使用，有力地保障了稻田绿色化的同时，为市场提供了更多高质量的稻米和河蟹产品。与此同时，稻蟹模式的大力发展也带动了河蟹加工、运输、销售、服务等行业，为农民提供了更多的就业岗位。稻蟹种养具有良好的经济效益，明显优于单一的水稻种植，其经济效益的提升主要来自三个方面：一是农药化肥投入减少，使得生产成本有所下降；二是良好的稻田环境提升了稻米的品质和市场价格；三是河蟹的经济价值大大超过常规种植的稻米。以辽宁盘锦稻田养殖成蟹为例，6 月初，稻田插秧后投放蟹种，亩投放 500 只左右，9 月初开始起捕；多数种养户虽不实施稻田工程、不改变水稻耕作模式，但减少了化肥和农药的使用，从而提高了水稻品质；养殖河蟹平均亩产 20 千克，与同等条件下水稻单作相比亩均增收 600~1 000 元。

（四）稻鳅种养模式

1. 基本情况

稻田养鳅一直以来都是泥鳅养殖重要的方式之一。早在 20 世纪 80 年代中期，广西、湖南、四川和台湾等地已有人在稻田中养殖泥鳅，直到 2000 年以后，随着整个泥鳅产业的蓬勃发展，稻田养鳅成为当前农村一项有广阔发展前景的产业。泥鳅虽然广泛分布于江河、湖泊、水库、沟渠、池塘等天然水域中，但集中分布于这些水域淤泥层较厚的浅水区。稻田水浅，淤泥层又厚，是泥鳅理想的场所；泥鳅喜阴怕光，长期生活在暗淡的水底，视觉退化，稻田内水稻后期冠层郁闭所营造的阴暗环境正适合其生存和生长；泥鳅不仅能取食稻田中的水蚤、水蚯蚓、水草和藻类等天然饵料，还能通过其特殊的胃肠构造有效利用稻田泥土中的微生物和腐殖质；泥鳅善于躲避不利环境，能钻入泥层利用皮肤呼吸维持生命，因此其容易避开稻田施肥、打药及晒田的伤害，减少了稻鳅种养结合的矛盾。由此可见，稻田是泥鳅天然的理想栖息场所。稻鳅种养，能够充分利用稻田资源，并减少农药和化肥的使用，同时又能提高稻米产量，生产出优质稻米。目前稻鳅种养模式在全国广泛分布，其中湖北、安徽、湖南、广西、陕西 5 省份产量占稻鳅种养模式产量的 88.24%。

2. 典型模式

稻鳅种养包括先鳅后稻、先稻后鳅、双季稻泥鳅养殖等多种模式，已形成辽宁"稻鳅共作模式"、湖北"稻鳅共作与稻虾连作结合模式"、浙江"先鳅后稻模式"等典型模式。

3. 经济效益

以浙江省为例，近年来已成功在金华、嘉兴、温州、杭州、绍兴等地推广稻鳅共生模式，与同等条件下水稻单作相比，平均水产品亩均增收 2 000 多元，稻米亩均增收 800 多元。2018 年，湖北全省"稻鳅共作"模式泥鳅平均亩产量约 110 千克；与同等条件下水稻单作对比，单位面积化肥、农药施用量平均减少 40% 以上，亩均增收 2 000 元左右。

（五）稻鳖种养模式

1. 基本情况

稻鳖共生模式是将中华鳖养殖和水稻种植有机结合在一起，利用稻田低水位的自然优良环境，实行低密度放养，以稻田中的小鱼虾、底栖生物、昆虫等天然饵料为主，以人工投喂鲜活螺蛳等优质饲料为辅，使商品鳖品质与卖相接近野生鳖，从而实现养殖、种植相互促进，综合效益大幅提升的一种新型综合种养模式。中华鳖是暖狭温性动物，其对水温的耐受范围是 20～35℃，最适水温为 27～33℃，生态幅狭窄，易受到低温的限制。中华鳖的放苗时间多为 4 月下旬至 5 月上旬。因此，要进行中华鳖稻田养殖必须满足单季稻中稻稻田的气温在 5 月的平均温度

达到20℃以上。根据这一约束因子，适宜稻鳖种养的地区为华南、华中、华北稻作区的所有中稻稻田以及西南地区的云南省中稻稻田。目前稻鳖种养模式主要分布于我国长江中下游地区，其中湖北、湖南、安徽、浙江、江西5省份产量占稻鳖种养模式产量的97.28%。

2. 典型模式

稻鳖种养已形成浙江"德清稻鳖共作、轮作模式"、湖北"稻鳖共作模式与虾稻连作相结合"等典型模式，湖北、江西还分别在"稻鳖共生"模式基础上发展了"雌雄分养""三段养殖法"等新技术模式。

3. 经济效益

稻鳖种养利用生态学原理，将水稻种植和中华鳖养殖有机结合，利用鳖的杂食性及昼夜不息的活动习性，为稻田除草、治虫、肥田，同时稻田为鳖提供活动、休息、避暑场所和充足的水以及丰富的虫、螺、草籽等食物，稻鳖二者之间相互依赖、互相促进，是一种种养结合的生态型综合高效种养模式。以湖北省"稻鳖共作"模式为例，2018年全省该模式中华鳖平均亩产量约71千克，与同等条件下水稻单作对比，单位面积化肥、农药施用量平均减少40%以上，亩均增收4500元以上。产业融合程度更高的浙江"德清模式"可实现"百斤鱼、千斤粮、万元钱"，综合效益非常可观。

（六）稻螺种养模式

稻螺种养主要是对稻田加高夯实，建设微流水系统，在投放田螺种苗前施放有机肥，在田中发酵培育基肥，养殖过程中根据田螺生长情况进行追肥。稻螺种养一般亩产田螺500千克以上，亩均增收6000元以上。目前稻螺种养模式主要分布于广西等地，其中发展最快的是柳州市、梧州市，种养面积分别达1.5万亩、0.4万亩。

（七）其他模式

除以上6种种养模式外，稻蛙种养也具有一定规模，目前主要分布于湖南、江西、四川、贵州等地，4省产量占稻蛙种养模式产量的97.79%。此外，近年来，各地因地制宜，探索多品种或与其他养殖模式复合，形成了各具特色的种养模式。如安徽的稻鳖蛙模式，湖南的稻蛙模式、稻鸭模式（一稻两鸭），江西的稻虾鳜模式，江苏的高秆稻红螯螯虾模式、稻渔+流水槽养殖生态复合模式，云南等地的莲藕鱼（虾鳅）模式，贵州、云南等地的稻鱼鸭模式、茭白鳖模式，浙江的稻草鹅模式、稻鸭模式等。

三、当前发展特点

近年来，稻渔综合种养技术模式不断推陈出新，技术和规范化发展水平显著提升，稳粮作用发挥明显，规模经营和产业集聚推动全产业链融合发展进程加快，以小龙虾为主的加工业发展迅速，渔米品牌建设有力，"稻渔＋美食餐饮、民俗和农事体验、文化和科普教育、旅游和休闲康养"等业态不断丰富拓展，稻渔综合种养产业综合效益和发展水平稳步提升。产业呈现出以下五个方面主要特点。

（一）稳粮增收作用明显

随着产业规模不断扩大，稻渔综合种养在稳定水稻生产、促进粮食安全方面的作用得到进一步发挥。一是开展种养生产的稻田水稻播种面积基本不减少、水稻单产相对稳定。《通则》发布后，各地在生产实践中，严格执行《通则》关于沟坑占比不得超过 10％等要求，在开展田间工程时，通过土地平整和集中开发利用原零碎田块间的田埂，有效增加种养面积。同时，稻渔互促以及沟坑开挖带来的边行效应可有效稳定水稻产量。二是稻渔综合种养促进了稻田环境和土壤质量的改善。由于稻渔互促作用，稻田化肥和农药使用量普遍减少 30％以上，稻田生态环境得到显著改善。同时，稻渔综合种养一定程度上可以改善稻田土壤部分理化性状，通过增加土壤有机质和养分含量等提升贫瘠土壤的肥力，促进水稻稳产。三是农业综合效益提升激发了农民种粮积极性，有效稳定了水稻播种面积。通过调查发现，通过增加水产品收益、提高稻米价格和减肥减药降低生产成本等，稻渔综合种养亩均效益大幅增加，极大激发了农民种粮积极性，一些抛荒撂荒田块被重新开发利用。同时，很多地方充分利用冷浸田、低洼田等开展生产，反而增加了当地水稻种植面积。如湖北省将 200 多万亩低湖冷浸田用于发展稻虾共作，监利县、洪湖市、潜江市的水稻种植面积在近 20 年实现了稳步增长。

（二）规范化和标准化水平显著提升

《通则》的发布实施既是稻渔综合种养发展到一定阶段，需要将其纳入监督管理、推动规范发展的现实需要，又是近 20 年来广大从业人员在发展稻渔综合种养中探索实践形成的自我规范、自我约束。《通则》中关于沟坑占比、水稻单产、种养环境等技术指标和要求已经成为业内

外广泛共识，在推动产业按标生产、有序发展中起到压舱石作用。《农业农村部办公厅关于规范稻渔综合种养产业发展的通知》率先在国家层面上提出，发展稻渔综合种养要按照《通则》对沟坑占比、水稻产量、种养环境和产品质量进行严格控制。《国务院办公厅关于防止耕地"非粮化"稳定粮食生产的意见》首次在中央层面上提出，利用永久基本农田发展稻渔、稻虾、稻蟹等综合立体种养，应当以不破坏永久基本农田为前提，沟坑占比要符合稻渔综合种养技术规范通则标准。各地在生产实践中，以《通则》相关技术指标为基础，科学制定产业发展规划，推动建立长效管理机制，并在示范创建、资金补助等方面加强政策引导，稻渔产业规范化水平进一步提升。标准化建设方面，《通则》实施后，针对当前我国规模较大、技术模式相对成熟的稻渔综合种养主导技术模式，全国水产技术推广总站牵头组织编制了稻渔综合种养技术规范系列分标准。其中，《稻渔综合种养技术规范　第4部分：稻虾（克氏原螯虾）》《稻渔综合种养技术规范　第5部分：稻鳖》《稻渔综合种养技术规范　第6部分：稻鳅》等3个农业行业标准已于2021年1月1日起实施。稻鲤、稻蟹等主导种养模式的行业标准也将陆续发布。这些种养模式标准能够为不同种养模式的稻田工程、水稻种植、水产养殖等关键生产环节提供成熟的、适用性强的技术参考和指导，便于广大稻渔从业人员在生产实践中采用，从而达到稳定水稻生产、保护和改善稻田环境、保障产品质量的目的，提高综合效益。地方上，各地围绕本地区主要种养模式，积极开展技术模式的熟化和标准化，制定发布了一批地方标准。全国水产技术推广总站和扬州大学研究表明，截至2020年底，稻渔综合种养相关地方标准已多达54项，其中3/4以上为2018年以来发布实施。行业标准和地方标准的集中制定发布，初步构建了我国多层次、全覆盖的稻渔综合种养技术标准体系。

（三）品牌建设不断推进

品牌化发展既可以提高稻渔产品的附加值，又能倒推产业集聚发展和标准化生产，促进产业加快升级。近年来，各地积极支持企业、合作社、行业协会等主体开展稻渔水产品和稻米品牌创建，通过组织参加各类品牌认证、展览展销和评比活动等广泛宣传推介，稻渔产业整体影响力持续提升，渔米产品区域公共品牌和具有较大知名度的企业自用品牌不断涌现。水产品品牌中以小龙虾品牌建设最为突出，截至2020年底，全国已有 24 个小龙虾区域公共品牌，覆盖全国小龙虾产量的 36%。其中，"潜江龙虾"和"盱眙龙虾"品牌价值分别达到 227.9 亿元、203.92 亿元，为稻渔产业的品牌化经营树立了标杆。稻米品牌方面，自 2017 年起，中国稻渔综合种养产业技术创新战略联盟连续 4 年举办优质渔米评比推介活动，累计评选出金银奖 96 个，推出了一大批美誉度高、绿色生态的渔米产品品牌，部分产品已成为全国家喻户晓的知名品牌。

（四）规模化、区域化、产业化协调发展

近年来，各地引导鼓励土地适度规模经营，扶持培育龙头企业和新型经营主体，打造了一批具备加工、餐饮、旅游等融合发展业态的稻渔综合种养经营主体，产业规模化水平继续提升。如 2019 年，湖北省千亩以上稻渔综合种养示范基地超过 200 个、万亩示范区达 12 个，安徽省、湖南省 500 亩以上规模经营主体均超 800 家，四川省千亩以上规模经营主体有 100 多家。在规模化经营基础上，各地依据本地区稻田资源禀赋和经济社会发展水平，积极推动不同类型稻渔综合种养集群发展，结合区域公共品牌打造，提升产业化水平。如湖北省以"潜江龙虾"为引领，集中发展稻虾共作，一二三产同步融合发展，2019 年全省小龙虾产业总产值达 913 亿元，其中二、三产产值分别为 162 亿元、498 亿元，全产业链就业人数近 70 万人。安徽省以沿江、沿淮和环巢湖为重点，充分利用各地丰富的稻田资源，优化区域布局，整体成片推进，形成规模效应，构建集中连片、规模发展的新格局。湖北小龙虾产业集群、江西鄱阳湖小龙虾产业集群、安徽江淮小龙虾产业集群分别于 2020 年、2021 年被列入农业农村部和财政部共建的优势特色产业集群建设名单。小品种方面，广西柳州将稻螺种养和螺蛳粉产业结合，推动产业链一体化发展，2020 年柳州螺蛳粉产销突破百亿元。稻渔综合种养产业不断向纵深发展，多功能拓展和新要素价值凸显，产业创新与融合加快。各地结合自身区位因素和资源状况，积极推动发展适合当地的稻渔新业态经营方式，"稻渔＋美食餐饮、民俗和农事体验、文化和科普教育、旅游和休闲康养"等业态蓬勃发展。2020 年 6 月 9 日，习近平总书记视察的宁夏贺兰县稻渔空间乡村生态观光园，即是将稻渔种养与自然资源、农耕文化、渔文化和科普教育相结合打造而成的田园综合体，不仅为游客带来"塞上江南、鱼米之乡"体验，还大幅提高了经济效益，并拉动了周边农渔民就业增收。浙江、贵州等地依托传统的稻鱼

共生、稻鱼鸭系统，将传统农耕文化保护传承和乡村旅游相结合，发展田园综合体，通过融入旅游、文创等元素，赋予了传统稻渔产业新的现代发展活力。湖北省潜江市依托稻虾共作和"潜江龙虾"品牌，创新发展"虾谷模式"，打通市、镇、村三级物流服务体系，打造线上交易平台、物流平台、线下交易中心、冷链仓储中心、配送中心，结合小龙虾繁育、种养以及农旅休闲，形成了"产业＋互联网＋流通＋终端＋服务"的全产业链融合发展新业态。

（五）产业扶贫成效显著

稻渔综合种养产业的快速发展正与我国全面打响、打赢脱贫攻坚战的时间段重叠。近几年，稻渔综合种养作为一项长效富民产业，被越来越多的稻田资源和水资源丰富的地区将其作为产业扶贫、精准扶贫的重要抓手，通过政策扶持引导、技术示范带动，促进农渔民增收致富，取得显著成效。自 2017 年起，全国水产技术推广总站指导和帮助云南省元阳县推进哈尼梯田稻渔综合种养产业扶贫，积极打造少数民族地区农业绿色发展和精准扶贫样板。2020 年，元阳县稻渔综合种养面积达到 6 万亩，稻渔产业覆盖全县建档立卡贫困户 1.1 万多户，约占全县产业脱贫总户数的 30%，形成了稳定的长效扶贫产业，为元阳县打赢脱贫攻坚战做出了重要贡献。近年来，广西壮族自治区三江县积极推动稻渔综合种养，发展种养面积 7.5 万亩，建成稻田鱼坑 1.8 万个，稻渔产业覆盖当地 70% 以上的贫困户，贫困人口每人每年因此增收 1 000 元以上。湖南省近几年每年新增稻渔综合种养产业扶贫项目面积 50 万亩以上，有效带动 10 万以上贫困人口脱贫。如南县，2019 年全县贫困户发展稻虾种养近 2 万亩，有效带动 1.5 万贫困人口脱贫，基本达到一亩稻虾助一人脱贫的效果。在江西省环鄱阳湖区，稻渔综合种养已经成为产业扶贫的主要抓手，特别是都昌、余干、鄱阳等县建成 10 万余亩稻虾种养核心区，区内规模效益不断提升，同时引导各类经营主体参与脱贫攻坚，推广订单帮扶、生产托管等方式，支持贫困户加入新型渔业经营联合体，推动龙头企业和合作社与贫困户建立紧密利益联结，实现了贫困户与现代渔业发展有机衔接和持续稳定增收。2019 年 7 月 28 日，农业农村部在广西壮族自治区柳州市三江县召开了全国稻渔综合种养产业扶贫现场观摩暨工作座谈会，会议对稻渔综合种养产业在打赢脱贫攻坚战中的重要作用给予了充分肯定，并提出要充分挖掘潜力，通过提高技模式水平及集约化、规模化、标准化发展，提升产业效益和脱贫致富带动能力。

第三节　发展前景、问题及建议

一、发展前景

从政策环境看，"十四五"时期是我国开启全面建设社会主义现代化国家新征程、向第二个百年奋斗目标进军的第一个五年。民族要复兴，乡村必振兴。党的十九届五中全会提出"优先发展农业农村，全面推进乡村振兴"。乡村要振兴，产业必先行。同时，确保国家粮食安全作为治国理政的头等大事，也是农业农村现代化的首要任务。稻渔综合种养具有以渔促稻、提质增效等突出特点，发展稻渔综合种养对提高农民种粮积极性、稳定水稻生产，促进乡村产业振兴和农渔民增收具有重要作用。可以预见，未来一段时期，稻渔综合种养发展的政策环境将更优、保障将更有力。从市场需求看，稻渔综合种养是现代生态循环农业模式，渔米产品质量安全有保障。而随着我国经济社会的稳定健康发展，我国居民对绿色优质农产品的需求将持续增加。稻渔综合种养发展的市场环境非常有利。从资源条件看，据估算，我国有适宜发展稻渔综合种养的水网稻田和冬闲稻田面积近1亿亩，目前已发展3 800万亩，仍具有很大的发展潜力。由此可以判断，"十四五"期间我国稻渔综合种养发展仍处于大有可为的战略机遇期。

二、问题及发展建议

虽然目前稻渔综合种养模式发展形势有利、势头较好，但还存在一些亟须解决的问题。例如，如何准确评估该模式在全国的发展潜力，科学审慎推广，避免产业大起大落；如何提高规模化和组织化水平，促进产业区域化布局、标准化生产、产业化经营和社会化服务发展；如何进一步创新改进技术模式，规避稻田土壤"潜育化"等危害。以上问题的解决，都需要从国家层面进行统一规划部署，加强技术理论、体制机制、政策投入等方面的创新来解决。对此，提出以下发展建议。

（一）科学规划引导

准确把握国家政策要求，积极落实"以粮为主、生态优先、产业化

发展"的理念，在全面分析市场需求、资源禀赋的基础上，按照产业集中连片发展需要，科学规划布局，明确发展思路目标和区域布局。

（二）强化科技支撑引领

充分发挥中国稻渔综合种养产业协同创新平台、现代农业产业技术体系、科研和财政项目的作用，推动水稻种植、水产养殖、农业工程、水土保持、生态环境、农机设备等跨学科交叉协作和资源整合，为稻渔综合种养提供全产业链技术支撑。强化基础理论和关键技术研究，重点支持种养系统物质循环和能量转化规律、生物协同作用机制、种养系统对水土环境长期效应等研究；对土壤土质、水体水质、产品质量开展长期系统监测；以稻田土壤保护和永续利用、水资源节约为目标开展配套稻田工程、水肥精准调控、水环境营造、种养管理等关键共性技术研究，研究集成高效节水型、土壤修复型等种养模式。支持适宜稻渔综合种养的优质稳产、多抗广适的水稻品种研发，选育适宜水产优良品种，支持配套的规模化制种企业建设，推动构建育繁推一体化的商业化育种体系。充分发挥国家水产技术推广体系的组织优势，与科研院所、大专院校等密切合作，广泛组织开展科技下乡、入户指导、专家企业对接、培训和观摩学习等各类活动，创建示范基地，促进先进适用技术模式普及应用和科技成果转化，并培育一批懂技术、会管理、善经营的复合型人才队伍。

（三）构建完善产业标准体系

围绕粮食和重要农产品供给保障能力提升需要和产业发展实际，及时修订《通则》，进一步细化沟坑占比、粮食产量等指标在不同粮食生产功能区的不同要求，同时提出更科学合理的田间工程技术操作规范。加快行业标准、地方标准、团体标准等标准制修订，构建覆盖生产、加工、流通、市场、管理和服务支撑全产业链的全方位、多层次、协调配套的稻渔综合种养绿色发展标准体系。

（四）推动产业协调、融合发展

稻渔综合种养脱胎于稻田养鱼，但与传统稻田养鱼的重要区别，除了技术水平的提升，重点在于符合产业化的现代农业发展方向。其中，规模化是产业化发展的基础，只有在规模经营的基础上，才可能实现区域化发展、标准化生产、产业化运营和社会化服务。在今后发展中，应注意利用我国现有农村土地流转政策，鼓励土地向稻渔综合种养新型经营主体流转，推进适度规模经营，促进先进技术的应用和土地的高效节约利用。在此过程中，加快培育种养专业大户、家庭农场、农民合作社、农业企业等新型经营主体，扶持龙头企业，同时，引导新型经营主体和小散户建立多种利益联结机制，促进形成集中连片、规模发展的格局。在规模化的基础上，推动区域化和产业化发展。各地应根据自身资源禀赋和经济社会发展水平，重点培育1～2种稻渔综合种养模式，整合生产资料供应、经营管理、产品加工、品牌经营等全产业链，通过产前、产中、产后的延伸，以及产业内外的融合，建立种养加销一体化、多功能充分开发、新业态蓬勃发展的产业化发展机制，形成区域优势主导产业，全面提升产业效益和竞争力，促进稻渔综合种养产业向高质量发展转型升级。

（五）扩大宣传争取扶持

通过各类媒体广泛宣传稻渔综合种养在"稳粮、促渔、增效、提质、生态"方面的作用，让社会各界正确认识、全面了解稻渔综合种养，为产业发展营造有利的社会舆论环境。积极争取各类扶持政策，将稻渔综合种养作为稳粮、促渔、增收的重要措施，推动列入现代农业发展的重点支持领域，统筹利用土地整理、高标准农田建设、水利设施建设等涉农资金，加大对基础设施建设、配套良种工程、技术研发推广、病虫害绿色防控等关键环节的投入。

第四章

稻鱼综合种养

第一节　关键要素

一、环境条件

（一）地形

种养稻田地势平坦，坡度较小，光照条件较好，周围无大的遮阳物。

（二）土质

种养稻田应远离工业、生活污染源，土壤以保水性能好、肥力好、有机质丰富的壤土或黏性土壤为宜，田埂坚实不漏水，土质要求符合《土壤环境质量标准》（GB 15618）要求。

（三）水源

水源要求水量充足，水质良好无污染，有独立的排灌渠道，排灌方便，遇旱不干、遇涝不淹，能确保稻田有足够水量，水质清新，水温适宜。水源水质应符合《渔业水质标准》（GB 11607）和《地表水环境质量标准》（GB 3838）。引用地下水进行养殖时，水质应符合《地下水环境质量标准》（GB/T 14848）。

（四）水质

养殖水体要求水质清新，无污染，无有毒有害物质，溶解氧丰富，pH 6.0～7.5。

二、田间工程

（一）稻田选择

选择水源充足、水质良好、保水能力较强、排灌方便、天旱不干、山洪不冲的稻田，单块稻田面积根据地形地势而定，为促进规模化经营，宜采用集中连片的田块。

（二）沟坑

为满足水稻浅灌、晒田等生产需要，同时满足鱼类栖息、活动、暂养等需要，解决种稻与养鱼矛盾，需要在稻田中开挖鱼沟、鱼凼。稻田中沟坑占比不超过10%，一般沟坑占比在8%左右，鱼沟和鱼凼开挖条数、面积和形状根据稻田大小而定。可以开挖成环形、"一"字形、"十"字形、"田"字形或"井"字形等鱼沟（图4-1）。鱼凼形状有长方形、正方形、圆形等，以长方形较好，鱼凼建设于田中央、田角或田边均可。鱼沟、鱼凼一般相通。

环沟，"日"字形图示

环沟，"井"字形图示

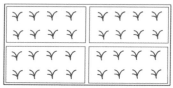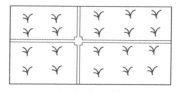

环沟，"田"字形图示

环沟，"十"字形图示

图4-1 稻鱼种养沟坑图示

（三）田埂

种养稻田田埂需要修整、夯实加固。田埂可加高至 0.5～0.7 米，宽 0.6～0.8 米，田埂宽度可根据田块大小适度调整，确保田埂不塌、不漏。可在田埂上铺一层松肥，用于种植瓜菜类等，既能增收，又能在高温季节起到遮阳的效果。

（四）进排水

为便于进、排水，保持稻田一定水位，同时防止逃鱼，种养稻田需要设置好进、排水口，根据田块大小设进、排水口1～3个。进、排水口一般开在稻田的相对两角，以使灌排通畅。进、排水口大小根据稻田排水量而定。进水口要比田面高10厘米左右，排水口要与田面平行或略低一点。有条件的稻田进、排水应分开，不串灌。

（五）防逃设施、暂养设施等

进、排水口处应安装拦鱼栅栏，以防鱼逃逸和野杂鱼等敌害进入种养稻田。拦鱼栅可用竹片、铁丝、胶丝制成或用尼龙线制成的窗框等制作，编成网状，其网眼大小以鱼逃不出为准。拦鱼栅长度要比进、排水口宽30厘米左右，拦鱼栅的上端超过田埂10～20厘米，下端嵌入田埂下部硬泥土30厘米左右，最好设置2层拦鱼栅。

为观察鱼类吃食活动情况和避免饵料浪费，可在田间搭建饵料台。饵料台的大小和数量视田块大小而定。一般每个田块需搭建1～2个饵料台。饵料台可用直径为5厘米的PVC管制成，边长1.0～1.5米的正方形或长方形均可，固定于环沟或鱼凼中。

稻田养鱼的敌害主要有水獭、田鼠、水蛇、水蜈蚣、田鳖、水鸟等。水獭、田鼠、水蛇可在其栖息的洞穴或稻田四周悬放挂钩诱捕。水生昆虫如水蜈蚣、田鳖等害虫，要在稻田内一角设置灯台，利用水生昆虫的趋光性进行诱杀。水鸟主要危害鱼种，可在田间扎草人或在稻田上空设置防鸟网。

条件较好的地方，可配备抽水机、泵，准备养殖用鱼筛、鱼网等，建造看管用房等生产、生活配套设施。

三、水稻种植

水稻是禾本科稻亚科稻属植物，在我国栽培历史超过7 000年，是我国主要的粮食作物，在我国国民经济中具有极其重要的地位。稻田养鱼充分利用了农业生产空间，提高了土地当量比。稻鱼种养与传统的单作水稻在品种选择、耕作措施、栽培技术措施、水肥管理、病虫害防治、收割处理等方面或多或少都存在差异。为此，稻鱼综合种养技术措施在水稻管理和鱼类养殖的具体措施上必须同时满足两者的需求。

（一）水稻品种选择

水稻在稻鱼共生生态系统中占主导地位。水稻品种是决定水稻产量、生长发育的关键内因，选好水稻品种是稻鱼养殖的关键。水稻品种的选择既要保障稻米产量、品质，也要兼顾鱼类养殖需求。稻鱼种养在水分管理、肥料用量、农药使用、经济价值上与单作水稻模式存在一定的差异。除了在产量、适应性等方面的要求外，稻鱼种养在水稻品种选择上同单作水稻相比，对水稻品种的抗病性、抗虫害、抗倒伏、稻米品质等方面要求也存在一定差异。

1. 选择株高适宜，抗倒伏的水稻品种

深水养大鱼是鱼类养殖的普遍共识，对稻鱼综合种养而言，水稻植株越高，越利于灌深水养鱼。对水稻而言，水层过深容易导致水稻倒伏，不利于水稻产量的提高。此外，稻田中鱼类的活动，容易引起水稻茎秆的损伤，增加水稻倒伏风险。为此，稻鱼种养水稻品种要选择茎秆粗壮抗倒伏和株高兼顾的水稻品种，既有利于提高鱼产量，也有利于减少水稻倒伏的发生。

2. 选择大穗型品种

水稻产量主要由千粒重、每穗实粒数和有效穗决定。在产量构成特点方面，宜选择大穗型品种。主要原因在于，一方面稻鱼种养中水稻处于长期淹水状态，加上鱼类对于水稻分蘖的采食，不利于水稻成穗率的提高和有效穗的形成；另一方面，在稻鱼种养系统中，水稻栽培栽植密度小于单作水稻，水稻生长边行效应显著。为了充分利用稻鱼共作系统中水稻生长的边行效应，增加水稻的产量，建议选择大穗型品种，合理配置栽插密度，在稳定有效穗的基础上协调增加单穗粒数、单穗重，以稳定水稻产量。

3. 选择生育期适宜的水稻品种

我国水稻种植区域分为：华南双季稻稻作区、华中单双季稻稻作区、西南单双季稻稻作区、华北单季稻稻作区、东北早熟单季稻稻作区、西北干燥区单季稻稻作区 6 个稻作区域，各个稻作区域有不同的稻鱼种养模式。此外，我国幅员辽阔，具有不同的熟制：寒温带地区一年一熟，中温带区域一年一熟，暖温带区域一年一熟至两年三熟，亚热带一年二至三熟，热带一年三熟，青藏高原区部分地区一年一熟。在不同的稻作区域和不同熟制下形成了不同的稻鱼种养模式，主要有单季稻鱼生态种养模式、双季稻鱼生态种养模式、再生稻鱼生态种养模式。稻鱼种养中，水稻品种必须适应本地的光温条件和耕作制度，这样才能正常和安全抽穗结实。故此，在不同稻鱼种养模式下，要选择适宜当地的水稻品种。

4. 选择优质水稻品种

稻鱼种养相较于传统单作水稻而言对于效益的要求更为明显，适宜于品牌化、商品化、优质化的发展路线。因此，选择米质优、食味好、

有特色的水稻品种有利于提高稻米附加值，有利于品牌的打造。稻米品质的评价是从碾米品质、米粒外观、蒸煮及食味品质和营养及卫生品质等4个方面综合评估的，其质量标准因国家、地区、用途、生活水平和习惯而异。当前我国评价水稻品种米质的标准主要是《优质稻谷》（GB/T 17891），可参照这一标准选择质量等级在三级以上的水稻品种。

5. 选择抗病性强的水稻品种

大量的研究表明，稻鱼种养能减少田间水稻病虫害的发生，但稻鱼种养生态系统中水稻病虫害的防治仍不可忽视。选择抗病性强、抗逆性强的水稻品种，可以免去或少用农药，减轻对鱼类的危害。不同生态区域因气候、地理条件的差异，各地稻作病害发生有较大差异，因此在抗性选择上还需根据当地品种审定要求选择品种。

以下就单季稻鱼生态种养模式、双季稻鱼生态种养模式、再生稻鱼生态种养模式，结合相关文献列举一些适宜的品种。

（1）单季稻鱼生态种养模式　单季稻鱼生态种养模式一年种植一季水稻。该种模式主要分布于我国华北单季稻稻作区、东北早熟单季稻稻作区和西北干燥区单季稻稻作区，此外也不乏我国南方稻作区中冬季休耕区域。因此，品种选择应根据当地气候条件进行。这里主要选择华北单季稻稻作区和东北早熟单季稻稻作区的典型区域介绍水稻品种选择。

①武运粳23号。该品种是抗病、抗倒、高产的优秀品种，适宜江苏省沿江及苏南地区中上等肥力条件下种植。江苏省区域试验结果表明，该品种全生育期158天左右，平均每亩有效穗20.4万穗左右，每穗实粒数126粒左右，千粒重26克左右。米质达国标三级优质稻谷标准。

②长白19号。为中早熟品种，生育期132天左右，需≥10℃积温2 600℃左右。平均株高101.7厘米，株形较收敛，叶色较绿且较宽，平均穗粒数107.7粒，千粒重24.9克。米质符合三等食用粳稻品种品质规定要求。适宜在吉林省中早熟区种植。

（2）双季稻鱼生态种养模式　该种植模式主要集中在我国华南双季稻稻作区和西南单双季稻稻作区。双季水稻种植分为早稻（造）和晚稻（造），主要介绍以下品种。

①和两优红3。该品种为感温型红米稻组合。早造平均全生育期

125～129 天。株型中集，分蘖力中强，抗倒力强，耐寒力中等。高104.9～108.9 厘米，穗长 21.9～24.1 厘米，亩有效穗 17.5 万～18.3 万穗，每穗总粒数 145～155 粒，结实率 83.7％～85.1％，千粒重19.9～22.3 克。米质鉴定为部标优质级，抗稻瘟病，全群抗性频率79.2％～86.7％，对中 B 群、中 C 群的抗性频率分别为 70.6％～83.3％和 100％，病圃鉴定穗瘟 1.8～2.5 级、叶瘟 1.0～3.8 级；感白叶枯病（Ⅳ型菌 5～7 级，Ⅴ型菌 3～5 级）。适合在广东省除粤北以外区域作早稻种植。

②金龙优 2018。该品种为感温型三系杂交稻组合。早稻（造）全生育期 127～129 天，株型中集，分蘖力、耐寒力中等，抗倒力中强。株高 112.7～115.2 厘米，亩有效穗 16.5 万～17.9 万穗，穗长 23.0～24.6 厘米，每穗总粒数 157～166 粒，结实率 76.7％～77.3％，千粒重25.2～25.6 克。米质鉴定为部标优质三级，抗稻瘟病，全群抗性频率89.5％～100％，对中 B 群、中 C 群的抗性频率分别为 91.7％～100％和 100％，病圃鉴定叶瘟 1.2～3.0 级、穗瘟 1.8～3.0 级；中感白叶枯病（Ⅳ型菌 3～5 级、Ⅴ型菌 1～9 级）。适合在广东省除粤北以外区域作早稻种植。

③黄华占。该品种属常规迟熟中籼型，在湖南省审定试验中全生育期 136 天左右。平均株高约 92 厘米，每亩有效穗 17.4 万穗，每穗总粒数 157.6 粒，千粒重 23.5 克。抗寒能力较强，抗高温能力较强，高感稻瘟病。适宜在湖南省稻瘟病轻发的山丘区作中稻种植。

④天优华占。该品种为籼型三系杂交水稻品种，在华南作双季早稻种植，全生育期平均 123.1 天。平均每亩有效穗数 19.7 万穗，株高96.3 厘米，每穗总粒数 141.1 粒，千粒重 24.3 克。米质达到国标三级优质稻谷标准。适宜在广东中南及西南部、广西桂南地区和海南稻作区白叶枯病轻发的双季稻区作早稻种植。根据中华人民共和国农业部公告第 1655 号，该品种还适宜在江西、湖南（武陵山区除外）、湖北（武陵山区除外）、安徽、浙江、江苏的长江流域稻区，福建北部、河南南部稻区的白叶枯病轻发区，云南、贵州（武陵山区除外）、重庆（武陵山区除外）的中低海拔籼稻区，四川平坝丘陵稻区及陕西南部稻区的中等肥力田块作一季中稻种植；广西中北部、广东北部、福建中北部、江西中南部、湖南中南部、浙江南部的白叶枯病轻发的双季稻区作晚稻

种植。

（3）再生稻鱼生态种养模式　该种植模式主要集中在我国南方单季和双季稻作区域，主要介绍以下品种。

①丰两优4号。该品种属籼型两系杂交水稻。在长江中下游作一季中稻种植，全生育期平均135.3天，株高124.8厘米，每亩有效穗数16.1万穗，每穗总粒数180.6粒，结实率79.7％，千粒重28.2克。米质达到国标二级优质稻谷标准。该品种熟期适中，产量高，高感稻瘟病，感白叶枯病，高感褐飞虱，米质优。适宜在江西、湖南、湖北、安徽、浙江、江苏的长江流域稻区（武陵山区除外）以及福建北部、河南南部稻区的稻瘟病、白叶枯病轻发区作一季中稻种植。

②C两优华占。C两优华占属籼型两系杂交水稻品种。在长江中下游作一季中稻种植，全生育期136.1天，株高112.5厘米，穗长24.4厘米，每亩有效穗数18.5万穗，每穗总粒数199.6粒，千粒重23.0克。该品种穗期耐冷性弱，应适时早播；及时防治螟虫、稻飞虱、稻曲病、稻瘟病等病虫害，适宜江西、湖南（武陵山区除外）、湖北（武陵山区除外）、安徽、浙江、江苏的长江流域稻区以及福建北部、河南南部作一季中稻种植。

（二）田面耕作整理

1. 稻田主要耕作措施

对水稻而言，良好的土壤环境有利于水稻根系的生长，促进水稻对养分的吸收。稻田的主要耕作措施有免耕和旋耕，近年来在我国还出现了适宜于稻田综合种养的水稻垄作。稻田旋耕是在水稻播栽前采用旋耕机对稻作区域耕层土壤进行碎土起浆的稻田耕作模式。旋耕通过一次作业就可进行水稻栽插。旋耕后的稻田耕层土壤养分分布均匀，能有效减少杂草的萌发，为水稻提供了理想的耕层环境，有利于水稻根系下扎。稻田免耕是指作物播前不用犁、耙整理土地，不清理作物残茬，直接在原茬地上播栽水稻，水稻生育期间也不使用农具进行土壤管理的耕作方法。稻田免耕可改变土壤的理化特性和稻田环境，减少土壤流失，提高土地的产出率，具有省工、省时等优点。水稻垄作是利用旱作的方式，采用专用的起垄机对稻田进行开沟起垄，垄上种稻沟中保持一定水层，实行浸润灌溉的一项稻田耕作栽培措施。与常规稻鱼种养相比，垄作水稻可省略在稻田间挖鱼沟，直接利用垄沟相连。垄沟养鱼，既为水稻生长（地上部、地下部）提供了更大的空间，又为鱼提供了"水陆两栖"的环境，是经典生态技术的应用。

2. 稻田主要的耕作制度

依据水稻的熟制和种养习惯可将稻田养鱼分为水旱轮作稻鱼综合种养模式和水稻连作稻鱼综合种养模式。

水旱轮作是在同一块田地上有顺序地轮换种植水稻和旱地作物的种植方式。水旱轮作可以协调旱作作物和水稻间的养分、水分，改善土壤理化性状，减轻作物病虫害的发生。水旱轮作主要在我国的一年二熟或三熟区域，如成都平原一年两熟地区的稻-麦（油菜）种植模式。水稻于4月上中旬播种，9月上中旬收割；小麦于10月下旬至11月中旬播种，翌年5月中旬前收获；油菜于9月下旬至10月上中旬播种，次年4月下旬至5月上中旬收割。水旱轮作综合种养模式一般限于水稻种植期间进行稻田养鱼或在水稻收获后将鱼置于鱼凼内继续养殖。

水稻连作是指在同一块稻田上一年或多年连续种植水稻的种植方式，水稻连作时可以进行持续的稻鱼共作。水稻连作稻鱼综合种养模式主要分布于我国华北单季稻稻作区、东北早熟单季稻稻作区、华南双季稻稻作区，在我国四川、贵州等冬水田区域也有分布。例如我国东北的寒地稻田养鱼模式，一般于5中下旬水稻移栽后投放鱼苗，于9月上旬排水捕鱼。冬季闲田，来年继续连作水稻。我国湖南地区早稻（造）3月中下旬播种，4月下旬移栽，7月中旬收割，水稻收割期间，鱼仍生活在大田的鱼溜或鱼凼中，不影响鱼的正常生活，前茬水稻收割完成后继续种植水稻，进行稻田养鱼。

3. 稻鱼共生中稻田耕作措施

稻鱼种养系统中，对水稻种植而言须对稻作区域进行田面耕作整理。在不同的农作制度条件下有多种耕作模式。

水旱轮作稻鱼综合种养模式前茬作物为旱地，在前茬作物收获完毕后首先要及时清理前茬作物秸秆，避免因作物残体腐化过程中产生的有毒有害物质对水稻和鱼类生长产生不良影响。对于水旱轮作稻田的整理应采用旋耕法，原因在于旱作后土壤耕层容重增加，采用免耕不利于水稻根系的生长，容易导致水稻根系分布过浅而造成水稻后期倒伏。具体操作过程：提高稻田水层，充分浸泡土壤，施入底肥后，用旋耕机旋耕土壤耕作层，做到田平泥细，田面高差小于3厘米，寸水不露泥、表层

有泥浆。插秧时要求水深不超过 3 厘米。

水稻连作稻鱼综合种养模式条件下，为改善水稻淹水状态下土壤的理化性状，主要也采用翻耕模式，操作过程同上。同时由于前茬作物为水稻，稻田长期处于淹水状态，土壤水分含量充足，土壤容重相对旱作低，为此，在该模式下，可以采用免耕水稻栽培模式，以节约生产成本。具体操作过程：建立一定土壤水层，施入底肥，充分浸泡土壤后即可栽植秧苗。

垄作栽培技术适宜于水旱轮作和水稻连作综合种养模式。水稻起垄栽培方法具体操作过程：先将一半的基肥撒施在稻田中，利用起垄机起垄的过程，将肥料集中并深施于土壤中，从而避免肥料的大量流失，灌深水泡软土壤后，栽插秧苗。

（三）栽培技术要求

1. 水稻栽培模式

水稻栽培技术发展至今形成了多种栽培种植模式，主要有直播水稻技术、育苗移栽技术。育苗移栽在我国的水稻种植历史上占有重要地位，是水稻种植者为了适应外界的生态环境条件而选择的一种栽培方式，是水稻种植者长期积累下来的水稻种植技术，经过上千年的不断改进和完善形成了一套非常稳定的水稻栽培技术体系。育苗移栽对农业生态环境、气候等有较高的适应性，且具有高容错率、高可操作性、低风险的特点。前人对于水稻育苗移栽有大量的实践经验和技术理论，机插秧技术、抛秧技术均是基于水稻人工育苗移栽技术发展而来的。长期的研究表明，现阶段水稻人工栽插技术水稻的产量仍然高于机插秧技术，且产量较机插水稻、抛栽水稻更稳定。发展水稻机插秧技术、抛秧技术的主要原因是对水稻生产效率要求的提高。水稻直播技术是最古老的水稻生产技术，在早期主要存在产量低、抗倒伏能力差、杂草防治困难等缺点，但随着农业科技的发展，水稻直播技术的三大主要缺点逐渐被克服，但目前仍然存在较多的不足。水稻人工栽插主要缺点是在栽插环节对劳动力的需求更大，而直播技术、抛秧技术的生产效率要优于水稻人工栽插，水稻直播技术的优缺点和人工移栽水稻技术恰好相反。不同水稻栽培技术在水稻生产上的优缺点如表 4-1 所示。

表 4-1　水稻栽培技术对比

水稻播栽方式	抗倒伏性	单茎素质	产量水平	可操作性	容错率	生产效率	生产成本
手插	高	高	高	高	高	低	高
抛秧	低	中	中	高	中	高	中
机插	中	中	中	中	中	高	中
直播	低	低	低	低	低	高	低

2. 稻鱼种养与传统单作水稻在栽培技术上的差异

（1）实际栽培面积降低　稻鱼种养在对前期水稻的整理上会选择增加鱼凼、鱼沟等农田必要设施，这降低了水稻原有的栽培面积。在稻鱼种养体系中，为保障水稻产量的稳定，需要适当调整栽插规格，合理配置水稻株行距如采用宽窄行栽培、"大垄双行"模式等，以利于鱼类在水稻田间穿行。

（2）边行效应增加　边行效应是指由于土壤、气象、生物等因素不同造成农田边行与中心植株产量有明显差异的现象，本质上是作物的生长环境和占有的生产资源的差异。在稻鱼种养系统中，稻作密度减少后水稻个体占有的生产资源（水分、光照、空气、土壤肥力等）有所提高，导致水稻个体优势增强，综合群体的物质生产能力并不会显著减少，相反某些指标反而更具优势，如水稻千粒重、水稻单茎素质等。为此，稻鱼种养中水稻的栽培技术应采用能够充分发挥边行效益的栽培技术措施。

（3）对水分、肥料的管理措施不同　单作水稻生长期必须经常调节水位，干湿兼顾。稻田浅灌和晒田是水稻高产栽培的技术措施，但这与稻鱼用水相矛盾，因此开挖鱼沟、鱼凼，增加稻田容水量，以利于鱼类生长及水稻种植、稻田施肥及病虫害防治。由于水稻长期处于淹水状态，加上鱼类在稻田的活动，水稻倒伏风险较大。采用直播、抛秧等栽培方式的水稻根系分布较浅，为防止水稻倒伏，除了晒田、增施钾肥等方式外，应减少抛秧、直播等技术的应用。

3. 适宜水稻栽培技术简介

稻鱼种养系统中，稻作区域应选择能充分发挥水稻生长边行效应的栽培技术措施，有利于提高水稻个体素质，增强其抗病、抗虫及抗倒伏的特性。宽窄行栽培技术、水稻三角形强化栽培技术等能够实现对边行

效应的有效利用。在我国南方不少中稻区利用"两季不足，一季有余"的温光资源蓄留再生稻，既不影响冬种，又能获得一季好收成，具有省工、省种、省肥、省秧田等优点，再生稻的种植可延长水稻种植时间，为鱼类养殖提供了更多的选择，同时再生稻的总产量、稻米品质上均表现出了显著优势。垄作水稻在水分管理上同鱼类水分管理相契合，是一种适宜于稻鱼共生的模式。随着农业从业人员数量的减少，机插秧将是水稻栽插的必然趋势。传统的机械化插秧机械主要采用等行距的栽插模式，近年来，随着我国农业技术的发展，出现了适宜于宽窄行种植的水稻插秧机械。下面就上述栽培技术做简要介绍，各地需根据当地的生产实际选择恰当的栽培技术。

（1）人工宽窄行栽插技术　人工栽插水稻是我国传统的水稻栽培模式，因其应用条件简单，生产环节稳定，对地形地貌要求不高而在我国得到了广泛应用和发展。水稻宽窄行栽培就是窄行距与宽行距间隔栽培的水稻高产栽培技术。该栽培方式通过合理配置行距和栽培密度保证了水稻在单位面积上的合理穴数，充分利用了作物边际优势的增产原理。宽窄行栽培有利于改善田间通风透气的条件，同时有利于鱼苗在田间穿行。水稻秧苗移栽前灌水、翻地，平整田面。做到底肥充足（有机肥与无机肥结合，速效肥与迟效肥搭配）、田平、泥熟、水浅（寸水不露泥），田内无残茬，四周无杂草，也可根据当地生产实际采用免耕的方式。对于宽窄行的田间配置，可根据当地生产实际选择适宜的宽窄行距。人工插秧时要深浅适宜，以不容易倒伏又不影响分蘖为宜，行株距规范，每窝栽插苗数匀，秧苗不漂、不浮，不伤秧（图4-2）。

（2）三角形强化栽培技术　近年来有专家提出水稻三角形强化栽培技术体系。经在四川地区多年的试验与生产示范表明，该技术更能充分发挥水稻增产潜力，获得超高产。水稻三角形强化栽培是指行间错窝呈大三角形，单窝呈等边三角形栽3株、株距8～12厘米的"稀中有密、密中有稀"的栽植方式。三角形强化栽培宜采用旱育秧的育秧方式，适宜于人工栽插。根据不同的环境条件选择适宜的秧龄和栽植密度，移栽前平整田块、施入底肥，移栽时合理稀植，做到"稀中有密、密中有稀"，促进分蘖，提高有效穗数。这项技术在我国适应性强，增产效果好，能够改善田间的通风效果，降低水稻发病率，增加水稻植株的光合作用，提升其根系活力，加快营养物质的运输，从而提高稻谷的产量。

50

图 4-2　水稻宽窄行栽培

稻鱼种养模式通过结合三角形强化栽培技术，有利于提高经济效益，同时改善鱼苗在秧田的生存环境（图 4-3）。

图 4-3　水稻三角形强化栽培

（3）再生稻稻鱼生态种养技术　再生稻是指在上一季水稻收割后，对稻桩上的休眠芽抽生出来的再生蘗加以培育，以达到出穗成熟的一种

栽培方法。单季稻＋再生稻稻鱼生态种养模式即种植中熟的水稻品种，收割后蓄留再生稻，适当延长稻鱼共生期，进一步提高土地利用效率的生态种养模式，实现稻、鱼双丰收。如广西三江县"超级稻＋再生稻＋鱼"稻渔综合种养技术模式，水稻在3月下旬播种，4月下旬移栽，7月上旬抽穗扬花，8月中下旬成熟收获；收割后蓄留再生稻，8月中下旬萌芽，9月上中旬抽穗扬花，10月下旬收割；5月上旬投放鱼苗，再生稻收获后收鱼，也可留鱼过冬，第二年春季收获。此外，该模式在浙江丽水、四川宜宾也均有分布，因各地的生态条件不同，水稻播栽时间和鱼苗投放时间均有差异。再生稻种植技术是一种两收的高产高效稻作技术，具有省种、省肥、节水、提升稻米品质、增产增效等优点。再生稻宜采用旱育秧栽培，为再生稻早发高产创造条件，要合理密植，加强田管，增加有效穗数，为二季多发再生苗打下基础。再生稻的产量与头季水稻关系密切，必须合理安排头季稻播种期，确保在再生稻安全齐穗前30天收割完毕。如果不能在这一时段成熟，就有遭遇寒露风而造成大量空壳减产或失收的风险。再生稻的栽培要搞好头季稻后期水肥运筹和病虫防治，促进腋芽的萌发和健壮生长，多发并形成再生苗（图4-4）。

图4-4 再生稻栽培模式

（4）机械化栽插 目前，我国水稻生产面临着向高产、优质、高效、生态、安全的多元化目标转型的任务，对水稻生产提出了提高生产效率、减少劳动力成本、节约生产资料的要求。水稻生产上采用机械化的生产方式是实现这一目标的有效途径。机插水稻需选择当地推广的主栽品种，以高产、优质、多抗的品种最适宜。机插水稻（图4-5）的大田整地质量要做到田平、泥软、肥匀。通过旋耕机、水田驱动耙等耕整机械将田块进行耕整，达到田面平整。插秧机宜选用宽窄行插秧机。良好的秧苗素质是机械化插秧高产、高效的前提，机械化栽插秧苗要重视对水稻育秧阶段的管理。栽插时严防漂秧、伤秧、重插、漏插，把漏插率控制在5％以内，连续缺穴3穴以上时，应进行人工补插。栽插深度以秧块表土面不低于田面以下1.5厘米为宜。机插后及时进行人工补缺，以减少空穴率和提高均匀度，确保基本苗数。返青后水分管理需同鱼苗养殖结合。

图 4-5 水稻机插秧

（5）垄作栽培 水稻垄作栽培方法，通过改变稻田的微地形，增加土地利用面积，扩大田面受光总面积，采用自然蓄水进行半旱式浸润灌溉，使沟内水容量增加，在不减少水稻种植面积和不专门设置养鱼凼沟的前提下，便于稻田养鱼。水稻垄作栽培使土体内形成以毛管上升水为主的供水体系，土壤的通透性加强，土壤温度提高，有益微生物活动旺盛，有效养分增加，土体内水、肥、气、热协调，同时能有效降低田间相对湿度，减少病虫害的发生，起垄时肥料集中于垄中，有利于水稻根

系吸收，提高肥料利用率，达到提高产量，提高养分、水资源的利用效率的目的，为水稻种植应对气候变化提供了一条新的途径。水稻起垄栽培方法具体操作过程：先将一半的基肥撒施在稻田中，利用起垄机起垄的过程，将肥料集中并深施于土壤中，从而避免肥料的大量流失，灌深水泡软土壤后，插植秧苗。对种植在垄上的秧苗进行后续培育，直至作物成熟、收获。全程采用自然蓄水进行半旱式浸润灌溉的水分管理方法。如图 4-6 所示，相邻两条垄的距离 A 为 65 厘米，垄高 H 为 30～50厘米；垄的两侧均为斜面，垄的横断面约为等腰三角形。每一侧面种植2～4 行水稻秧苗，株距为 8～12 厘米，行距为 15～18 厘米，每穴 2～3苗。对稻苗进行后续培管，直至成熟。

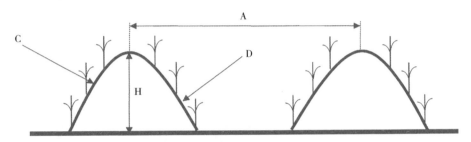

图 4-6　起垄栽培的横断面示意图
A. 相邻两条垄的间距　H. 垄高　C. 和 D. 斜面

4. 配套水稻育秧技术

育秧是水稻移栽前必不可少的环节，下面以成都平原一季中稻的生产为例，介绍适宜于水稻人工移栽的技术——旱育秧技术和硬盘育秧技术。各地需根据当地农技部门的生产技术意见选择适宜的育秧技术措施。

（1）旱育秧技术

①育秧准备。苗床应选择肥沃向阳，有机质含量高，排灌方便，土质疏松透气的旱作菜地；忌用肥力较差而又板结的水作田块。旱秧按秧本比 1∶20、抛秧按秧本比 1∶40 留够苗床地。肥料按每亩苗床施尿素10 千克、过磷酸钙 30～40 千克、氯化钾 10 千克，结合整地，全层均匀旋耕施入床土内。

②精整苗床。苗床力求精耕细作，全层翻耕。争取早翻耕、早炕田，按指标施足底肥，翻耕时施入上述所需肥料，力求全层施肥、分布

均匀。苗床整地过程中，应拣除苗床内外的残茬杂物。理通四周围沟，按1.7米开厢、0.4米沟宽做成"条盘型"苗床，且保证播种厢面宽不少于1.3米。苗床厢面要平，厢土要细，且上紧下松。

③播种。应做到适期播种。播种过早，气温、地温都偏低，不利于种子生长，幼苗抗性降低，易感立枯病；播种过迟，对后期的齐穗和扬花安全系数有很大影响。播种前先用清水捞出浮于水面的空壳和秕籽，再用杀菌剂浸种36小时后滤出稻谷，然后用清水漂洗种子，继续浸种12小时后捞出，适当摊晾待播。"旱育保姆"种子"包衣"技术，是水稻旱育秧技术的关键，种子"包衣"时应提前滤种，晾去多余的水分，并按标准进行种子"包衣"，即1袋（350克）"旱育保姆"药剂"包衣"1千克种子。要求在容器内将种药反复多次搅拌，直至药剂均匀包裹在种子上。水稻播前先对苗床浇足底水，缓浸慢浇，使苗床土湿透。采用分厢定量人工撒播，每亩大田用种1～1.25千克，旱秧用苗床30～40米^2，抛秧用苗床15～20米^2、秧盘45～60个。要求分次播种，力求均匀，盖种土厚度要求达0.7～1厘米。

④秧床管理。播种结束后，厢面喷水结合芽前化学除草，进行面土消毒。按每间隔1米插1根竹弓，最好是边插弓边盖膜，防止长时间日晒，以免造成水分蒸发过多过快而影响种子发芽出苗。播种至出苗期间的重点工作是保温保湿，一般不揭膜。出苗前，膜内温度应控制在32℃以下，出苗后温度应控制在25℃以下。第一叶展开后，应控温保湿。若气温偏高，土发白，叶卷筒，要适当补水。二叶一心期追施断奶肥，以后视苗情追施分蘖肥。苗床追肥以清粪水为主，先清后浓，秧苗长大后，可在粪水中适当增加一点尿素混合追施。一叶一心期开始炼苗，方法是先揭去两端或一侧薄膜，做到日揭夜盖。日均气温稳定通过15℃后可全揭膜，勿在烈日下陡然揭膜。若遇低温寒潮，应重新盖膜保温。

（2）**硬盘育秧技术**　水稻硬盘育秧集成了流水线播种、暗化催芽、无纺布覆盖等技术措施，与软盘育秧相比，硬盘育秧具有出苗齐、秧苗素质好、根系盘结力强、秧苗返青快、产量高等优势。

①播种前准备。播种前晒种1～2天，用水稻浸种剂浸泡72小时，除去空秕粒，洗净药液后摊晾到互不粘连就可播种。选择利用有机物料添加黏结剂、保水剂和肥料等制成的适于四川杂交籼稻秧苗生长的专用

育秧基质，每亩本田准备基质 30～50 千克。使用时，将基质进行适当晾晒、搅拌，使其不结块、不成团。也可自备营养土，每亩本田秧苗需营养土 90～120 千克。取土宜选择已培肥的菜园土，土壤 pH 适宜范围为 5.5～7.0。将床土摊开翻晒，含水量控制在 10% 左右。用粉碎机粉碎床土，颗粒直径≤5 毫米，底土用适合于四川稻区的壮秧剂拌土调酸和消毒，并搅拌均匀。

②全自动播种流水线播种。选用硬盘作为育秧盘，调整排土阀门张开度至排出土厚度为 1.8～2.0 厘米。铺完底土后，调节洒水阀门的大小，淋透底土，且土表不积水。杂交籼稻播种量为 3 000～3 500 粒/盘，秧龄短则播量高，秧龄长则相反。调节排土阀门的大小，厚度约为 0.5 厘米，保证种子不外露。将堆叠后的秧盘带托架运输至催芽场地整齐放置，每个托架间留 10～15 厘米的间隙以促进空气流通，确保堆内温度相对均匀。秧盘摆放完成后，采用三色彩条防雨油布进行遮光覆盖，油布四周压住以防风、保温、保湿。暗化过程适宜平均温度为 28～32℃，湿度为 65%～80%。暗化过程若遇超过 33℃ 的高温天气，应采取顶盘加高或揭开彩条油布周围以适当通风降温。当中部秧盘稻芽伸出土表 1.5～2.0 厘米时，暗化过程结束，一般在适宜温度下需要 3～5 天，温度低则暗化时间相应延长。

③田间管理。按秧本比 1∶（80～100）准备秧田，要求地势平坦、灌溉设施齐全、运秧方便、便于操作管理，播种前整平整细，秧床宽 1.4 米，沟宽 0.4 米，沟深 0.15 米。要求厢面平整，灌透底水。将播种覆土后的育秧盘整齐排放于秧床，用无纺布覆盖，便于秧苗通风透气。苗齐后揭膜，用 10% 的敌克松溶液进行淋洒，预防立枯病，一叶一心期后注意开窗炼苗。棚内温度保持在 24～28℃，湿度控制在 60%～80%，遇倒春寒则关窗保温；气温过高则开窗并启动降温设施，防止高温烧苗。3 叶期前要求速灌速排，严禁长期淹水，以防烂种烂苗。整个秧苗生长期，应采用干湿交替灌溉，秧苗浇一次透水后自然落干或排水保持土壤湿润，之后盘面泥土泛白时再浇透水一次，反复如此管理。揭无纺布后，应及时用药防治立枯病、绵腐病、稻瘟病。移栽前 5～7 天，采用尿素 15～20 克/米² 施"送嫁"肥和"送嫁"药，以保证秧苗生长旺盛，带肥带药入田。施肥时应采用兑水浇施或秧床保持适当水层后撒施，应选择阴天或晴天傍晚施肥，切忌晴天高温时施用。

（四）肥料管理

1. 水稻需肥特性

氮、磷、钾是水稻需要的大量营养元素。氮是蛋白质的主要成分，占蛋白质含量的 16%～18%，水稻体内的叶绿素、一些植物激素、维生素等重要物质都含有氮。氮对水稻的生长发育作用是多方面的。氮肥充足时，水稻叶色青绿，光合作用旺盛，根、茎、叶的生长较好，分蘖、颖花数多，生物产量高。缺乏氮肥时，稻株矮小，叶色淡或发黄，叶片寿命短，分蘖少或不分蘖，穗数少而穗子小。磷是细胞核、细胞质的重要成分，直接参与糖、蛋白质、脂肪的代谢，磷对稻株的生长发育起着重要作用。磷肥充足时，水稻植株生长良好，根系发达，分蘖旺盛，光合作用强度大，体内物质代谢正常，同时能提高水稻的抗寒能力和抗旱能力，提高结实率和提早成熟。缺磷时，植株生长缓慢，植株矮小，叶片短小，每穗粒数少，结实率低，千粒重小，成熟迟。钾在细胞内在多种酶促反应和核酸及蛋白质的形成过程中起着活化剂的作用。一方面钾素能改善叶片的理化形态，另一方面钾素能提高水稻的结实率和千粒重，并能对籽粒灌浆起到稳定的作用，从而提高产量。在钾素充足时，木质素和纤维素的含量较高，茎秆较坚韧、抗倒性强。此外硅、镁、硫、钙及锰、锌、硼对水稻的生长发育均起到关键作用。水稻对氮、磷、钾的吸收比例为 1∶（0.4～0.55）∶（1.25～1.39）。随水稻生育时期的推进，水稻对于养分的吸收呈现先增加后减少的趋势，水稻对氮、磷、钾吸收高峰均出现在穗分化到抽穗期，其次为抽穗到成熟期。

2. 肥料的种类及稻田施肥措施

肥料是施于土壤或植物的地上部分，能改善植物的营养状况，提高作物产量和品质，改良土壤性质，预防和防止植物生理性病害的有机或无机的物质。肥料按照化学组成类别可分为有机肥料和化学肥料，有机肥是指含有机质，既能为农作物提供各种有机、无机养分，又能培肥土壤的一类肥料，如畜禽粪便、绿肥等。有机肥是用生物的排泄物或者遗体经过发酵腐熟后来充当肥料，有机肥中的有机物被微生物分解后，剩下的无机盐进入土壤被植物吸收。由于有机肥与环境有很好的相容性，肥料使用恰当的条件下，不会对环境造成污染，且在稻鱼共作系统中，一部分有机肥可作为鱼类的饵料。化肥是指用化学合成方法生产的肥料，它具有成分单纯，含有效成分高，易溶于水，分解快，易被根系吸收等特点。化肥是将高纯度的无机盐埋入土壤，这些盐溶解进入土壤后被植物吸收，由于无机盐的浓度较大，容易造成稻田土壤、水层酸碱平衡被破坏，危害稻鱼种养的生态环境。

肥料按照不同养分分类，可分为氮肥、磷肥、钾肥。氮肥根据氮素存在的形态可分为铵态氮、硝态氮、酰胺态氮三种；铵态氮肥如液氨、碳酸氢铵、氯化铵、硫酸铵等，硝态氮肥如硝酸钠、硝酸钙、硝酸钾等，酰胺态氮肥主要指尿素CH_4N_2O。磷肥包括水溶性磷肥、弱酸溶性磷肥、难溶性磷肥；水溶性磷肥如过磷酸钙，弱酸溶性磷肥如钙镁磷肥，难溶性磷肥如磷矿粉、骨粉、鸟粪磷矿粉等。稻田中磷肥以过磷酸钙为主；稻田钾肥以氯化钾为主，是溶于水的速效性钾肥。

按照稻田施肥措施，可将肥料分为底肥和追肥。底肥一般于整地前施入土壤，用于水稻土壤的培肥和改良，为水稻全生育期的供给养分，磷肥、钾肥一般只作底肥使用。对于水稻而言，追肥可分为分蘖肥、穗肥、粒肥，实际生产中穗肥和粒肥使用较少，追肥一般以氮肥为主。水稻分蘖肥于水稻返青后施用，用于促进水稻分蘖，穗肥主要用于促进水稻穗部发育和生长，穗肥可分为促花肥（增加颖花数）和保花肥（防止颖花退化）两次施用，也可一次施用。粒肥在水稻抽穗扬花后使用，用于改善水稻灌浆结实、增加粒量，提高水稻产量。在实际的生产管理模式中，稻田肥料施用主要包括底肥、分蘖肥和穗肥，还可采用喷施叶面肥的方式。此外根据水稻的生长特性，研究人员提出了实时实地肥料管理模式。实时实地肥料管理模式实施按需施肥的管理模式，通过对田间水稻生长情况的诊断，少量多次进行肥料施用，一方面可减少肥料用量；另一方面对鱼类生长而言，少量多次能有效降低水层中的盐离子浓度，减少肥料对鱼类的影响。

3. 稻鱼种养施肥措施

农田施肥不仅是促进稻谷增产的重要措施，也有利于养鱼增产。但肥料的种类、数量以及施肥的时间、方法对稻和鱼生长发育都有很大影响。肥料的种类数量、搭配比例适当，施用及时，有助于提高鱼、稻产量。

大量的调查和研究表明，稻鱼种养同单作水稻模式相比，可减少单位面积的化肥用量，原因主要在于：一方面稻作面积减少，水稻群体生物量降低，对化肥需求减少；另一方面鱼类的活动在提供粪便等有机肥料的同时还能翻动土壤，增加土壤溶氧量，提高土壤微生物含量以及土壤脲酶、脱氢酶和蛋白酶活性，增加土壤养分的有效性。稻鱼种养同单作水稻模式相比，在不同元素的肥料减量效果上存在一定的差异。通过调查发现，稻鱼种养对氮肥的需求明显减少，但对于磷、钾肥的需求并无显著减少。故此，应减少稻田中氮肥的投入，施肥以有机肥为主，化肥为辅。

稻鱼种养与单作水稻可用肥料的种类有一定区别。如碳酸氢铵对鱼类具有毒害作用，不宜用于稻鱼种养，可采用尿素作为稻鱼种养的肥料。有机肥料也需要经过充分腐熟后才能使用。

肥料施用，要少量多次，均匀撒施，严格控制用量。底肥施用后等待一段时间再放入鱼苗。底肥用量为水稻种植中肥料用量最大的一次肥料投入，肥料施用后造成水体盐离子浓度增加，不利于鱼类生长。底肥施入后需经过一段时间才能进入土壤，水体中盐离子浓度逐渐降低。稻鱼共生期间，施肥后要及时观察鱼类生活状态，如出现浮头等现象要及时注水。为此，在稻田肥料施用中可提高底肥施用比例、减少追肥比例，追肥少量多次，还可结合采用稻田缓释肥料、实时实地肥料管理模式等新型肥料和新型技术管理措施进行肥料的管理。

施肥时既要注意不浪费肥料，又要做到不影响鱼的生长，不能撒在鱼类集中的地方，如鱼坑、鱼沟内。在施用化肥时可先排水使鱼集中到鱼沟和鱼凼中，然后施肥，使施入的化肥迅速沉于田泥中，随后加深田水至正常深度。同时，雨天和闷热天不要施肥，否则会影响鱼的摄食或造成鱼中毒。此外，水稻除了吸收主要元素外，还需一些微量元素如锰、硼、锌、钼、铜等，对于营养条件差的土壤应注意供应这些元素，以满足水稻正常生长的需要。

4. 稻田养鱼肥料管理措施举例（以成都平原地区一季中稻为例）

不同栽培措施和生态区域对肥料的需求各有不同，本书以成都平原地区一季中稻的管理措施为例，举例说明。

（1）施足底肥　插秧前要施足底肥，底肥中氮肥用量占总肥量的 70%～80%，磷底肥一次施用，钾肥分为底肥和穗肥两次施用。底肥以有机肥为主，每亩氮（N）用量 5.5～7 千克，磷（P_2O_5）用量 3.5～4 千克，钾（K_2O）用量 3.5～4 千克。底肥施用后，因田间盐离子浓度

较大，待田间盐离子浓度降低至一定水平后方可投放鱼苗。

（2）早施分蘖肥　移栽后5～7天，施尿素3～5千克，作分蘖肥。施肥时，要保持浅水层约1厘米深。

（3）巧施穗肥　晒田复水后施穗肥，水稻幼穗分化期间施用穗肥对巩固有效分蘖，提高每穗粒数有显著效果。可在水稻倒四叶时（水稻倒数第四张叶片抽出时）适当补充氮肥，增施钾肥，对基蘖肥施用量大、分蘖发生早、群体苗数多、长势偏旺的田块，则不必施用穗肥。

此外，在施用化肥时，需要把握用量，否则会因施肥不当而导致鱼中毒死亡。为了避免在肥料施用过程中措施不当对鱼类造成的危害，以及减少劳动成本，也可采用肥料全部作为底肥施用的措施（即"底肥一道清"），同样以有机肥为主，化肥为辅，以后不再追肥。但需要指出，采用"底肥一道清"的肥料施用措施会对水稻产量和品质造成一定影响。

（五）水分管理措施

1. 稻田水分需求特点

水稻需水量巨大，其生态耗水量达到农业用水量的65％以上。水稻在不同生育时期对水分的需求不同。水稻移栽后群体生物量、水分代谢水平较低，随着水稻的生长，水稻对于水分的需求逐渐增加，孕穗至抽穗期是水稻从营养生长向生殖生长的转化阶段，此时是水稻的需水临界期，进入灌浆阶段初期水稻需要大量水分，乳熟之后植株衰老，需水量和吸水速率迅速降低，蜡熟后缓慢降低。

2. 稻田水分管理与稻田鱼类水分管理需求的关系

与水稻种植相同，鱼类养殖也需要大量水分，这也是稻田养鱼重要的生态基础。但稻和鱼的生长对水的要求不尽相同。首先是对于水质的要求。相较于水稻种植，稻田养鱼对水质的要求更为严格，不同鱼类对稻田的水质均有不同要求。一般来讲，满足鱼类养殖的水源条件均能满足水稻的生长，因此在水质要求上首先要满足鱼类的生长要求。其次，对鱼类而言，水层越深活动空间越大，对个体成长更有益处，对于水稻的水分管理来说却不是水越多越好、越深越好。种养稻田要保持一定的水位以保证鱼生存，且水位不宜过浅。前期稻田秧苗矮，但鱼苗较小，建立浅水层即可满足鱼苗和秧苗的生长。随着鱼类的生长，水位应逐渐加深以满足鱼类的生长和活动所需。但对于平原地区水稻管理而言，存在两个难题：即晒田和收获前控制田水。晒田对于平原地区水稻而言至关重要，水稻晒田可增加土壤氧气，减少土壤还原性有毒物质，控制无效分蘖、增加碳水化合物的积累，促进水稻根系下扎，使根系更发达，利于壮秆抗倒；同时可相应地延长叶片寿命，提高结实率和千粒重。此外，稻田断水促根是水稻高产栽培的一项重要措施，但对鱼不利。

3. 稻鱼种养水分管理措施

首先，要提供安全的水质。依据《通则》，稻田养鱼水质应符合GB 11607 和 NY/T 5361 的要求。第二，平原地区要建设鱼沟、鱼凼等必要设施，这是稻鱼种养的一项重要措施。为满足稻田浅灌、晒田、施药治虫、施化肥等生产需要，或遇干旱缺水时，使鱼有比较安全的躲避场所，必须开挖鱼凼和鱼沟。在水分管理上，水稻移栽至返青阶段，稻作区域建立浅水层，以促进水稻返青，如果早稻返青期气温较低，则白天灌浅水，晚上灌深水，以提高泥温和水温，有利发根成活。在水稻分蘖期建立浅水层以利于水稻分蘖。当分蘖达到目标有效穗的80％时开始晒田。晒田时自然降低稻作区域水层，要慢慢放水，使鱼有充分时间游进鱼沟、鱼坑。水稻长势好的重晒，长势一般的晒至田间表层起硬皮即可，长势差和水源不足的田块以露田为主。晒田标准以田间土壤龟裂而又脚踩不陷为佳，晒田期间还要注意观察鱼情，及时向沟坑内加注新水。晒田后及时复水，保持水层至抽穗扬花。水稻抽穗后仍要保持一定水层，但本阶段切忌长期淹灌，根据实际情况适当断水后复水以提高根系活力，增加水稻产量。成熟收获前要断水，以利于稻田收获。特别注意在水稻追肥、喷药时要建立深水层，起到保护鱼苗的作用。

此外，对于稻田起垄栽培模式而言，起垄稻田的微地形增强了土壤的通气性，能有效地降低田间相对湿度。这种自然蓄水进行半旱式浸润灌溉区别于传统的整田漫灌，既省工省水，又优化了水稻生长的生态环境。除遇大暴雨田垄被淹外，基本上可不排水晒田，可减少晒田次数。

（六）病虫草害防治

1. 稻田主要病害

水稻生产中主要的病害包括纹枯病、稻瘟病、白叶枯病、稻曲病等。

（1）纹枯病　纹枯病可导致水稻减产10％～30％，严重时减产甚

至超过50%，目前已成为我国南方水稻种植区的第一大水稻病害。水稻纹枯病适宜在高温、高湿条件下郁闭群体中发生和流行。一般在幼穗分化期开始至抽穗前后发病最重，危害叶鞘和叶片，严重时也能危害穗部和深入到茎秆。叶鞘受害，发病初期在近水面处暗绿色水渍状边缘不清楚的斑点，后渐渐扩大成椭圆形，边缘淡褐色，中央灰绿色，外围稍呈湿润状。

（2）稻瘟病　稻瘟病是由梨孢菌引起的一种真菌侵染性病害，一般在山区较易发生，分布范围十分广泛，主要集中在西南、东北以及江南和华南部分稻区。根据发病位置不同，可以分为苗瘟、叶瘟、节瘟、叶枕瘟、穗颈瘟、粒瘟。其中叶瘟和穗颈瘟发病率最高，穗颈瘟危害最为严重。叶瘟发病时叶片形成的圆形或椭圆形褐斑，严重时病斑密布，叶片枯焦，全株中毒萎缩，根腐枯死。稻颈瘟发病时，水稻颈部病斑初呈浅褐色小点，逐渐围绕穗颈、穗轴和枝梗向上下扩展，呈黄白色、褐色或黑色。

（3）白叶枯病　水稻白叶枯病又称白叶瘟、地火烧、茅草瘟，是一种细菌性维管束病害，一般平原湖区较易发生。带菌种子、带病稻草和残留田间的病株稻桩是主要初侵染源。水稻整个生育期均可受害，苗期、分蘖期受害最重，各个器官均可染病，叶片最易染病。常见分为叶枯型、急性凋萎型、褐斑或褐变型，病原菌从水孔或伤口侵入，在导管中急剧增殖和扩展，造成叶枯或整株青枯状凋萎。

（4）稻曲病　稻曲病是在水稻孕穗期至抽穗之前感染的一种真菌性病害。病菌在水稻抽穗开花期侵入花器和幼颖，稻曲病菌能拦截营养用于自身的生长和稻曲球的形成，从而影响谷粒营养运输和正常发育，导致空秕粒数量上升，千粒重下降，一般可造成水稻产量损失20%～30%，品质大幅下降。

2. 稻田主要虫害

稻飞虱、水稻螟虫、稻纵卷叶螟、稻蓟马是我国水稻主要虫害。

（1）稻飞虱　稻飞虱属昆虫纲同翅目飞虱科，俗名火蟓虫。以刺吸植株汁液危害作物，常见种类有褐飞虱、白背飞虱和灰飞虱。3种稻飞虱都喜在水稻上取食、繁殖。褐飞虱能在野生稻上发生，多被认为是专食性害虫。白背飞虱和灰飞虱则除水稻外，还取食小麦、高粱、玉米等其他作物。

（2）水稻螟虫 水稻螟虫属鳞翅目螟蛾科，别名钻心虫。主要是水稻二化螟和三化螟。只危害水稻或野生稻，为单食性害虫。幼虫钻入稻茎蛀食为害，在寄主分蘖时出现枯心苗，孕穗期、抽穗期形成"枯孕穗"或"白穗"，严重的颗粒无收。

（3）稻纵卷叶螟 稻纵卷叶螟属鳞翅目螟蛾科，俗称卷叶虫、白叶虫。初孵幼虫取食心叶，出现针头状小点，也有先在叶鞘内为害，随着虫龄增大，吐丝缀稻叶两边叶缘，纵卷叶片成圆筒状虫苞，幼虫藏身其内啃食叶肉，留下表皮呈白色条斑。严重时"虫苞累累、白叶满田"。以孕、抽穗期受害损失最大。

3. 稻田病虫害防治的特点

（1）稻鱼种养可显著减少水稻病虫害的发生 通过养鱼可杀灭许多虫害，如草鱼、鲤能吃掉经过水才能危害稻苗的二化螟、稻螟蛉、象鼻虫、金花虫等，也能吃落于水中的昆虫，如稻飞虱、稻纵卷叶螟幼虫等。由于稻鱼种养稻田需经常换水、消毒，防治鱼类病虫害需使用较多的药物，这在一定程度上可能杀死或抑制病菌。此外，由于鱼类对水稻下部叶片的取食和在水稻底部的活动，水稻底部枯黄叶量少，田面沟系多，光照条件好，也能够起到减少病害发生的作用。

（2）稻田养鱼中"稻""鱼"对农药的耐受性各有不同 适用于水稻和鱼类的农药不具有完全的共性。不能简单地以农药对人畜的毒性来推测其对鱼类的毒性，即使是同一种农药对不同鱼类的毒性也不尽相同。同一种农药，浓度相同而使用方法不同对鱼类的影响也不同。相较于水稻，鱼对农药更为敏感，且农药进入水体后容易导致鱼类品质的降低。这也就导致了稻鱼种养系统中，选用的药剂、使用的浓度、使用的方法必须同时满足水稻和鱼类两者的安全。

4. 稻田病虫害防治措施

（1）农业防治、物理防治、生物防治为主 水稻生产中抗病虫害的主要目的是减少害虫对于水稻产量的损害，对种植户而言只需要将水稻控制在不足为害的水平之下，用最少的投入达到良好的效果，得到最优的产投比即可。

①农业防治。农业防治是指在水稻栽培过程中，利用和改进栽培措施，改变病原微生物和作物害虫的生活条件和生存环境，创造有利于水稻生长发育的条件，使其不利于病虫害的发生。如选择抗病品种、合理

的肥水管理和栽培措施等。

②物理防治。物理防治是指利用物理因素以及人工机械设备来防治病虫害的措施。如利用昆虫的趋性设置黄板、性诱剂、太阳能杀虫灯等。此外对稻鱼种养而言，还可利用用竹竿、绳索等工具将稻株上的上述害虫打入水中供鱼摄食，或者将田里水位短期升高，缩短害虫与水面距离，使鱼能跃起捕食。

③生物防治。生物防治是指利用自然界有益生物或其他生物来抑制或消灭水稻病虫害的一种方式。稻鱼种养就是一种天然的生物防治措施，此外还有利用微生物及其代谢物来防治病害，如用春雷霉素防治稻瘟病、用井冈霉素防治纹枯病等。

(2) 化学防治为辅　化学防治是指用对为害病菌、害虫有毒的物质来防治病虫害的方法。化学防治应作为稻鱼种养系统中病虫害防治的最后手段。

①做好用药前的准备。做好鱼类等回避措施，具体方法是在施药前在鱼凼内投入带香味的饵料。吸引鱼群入凼。投饵料后 2 小时堵住凼口，不让鱼群外出或缓缓地放浅田水，待鱼进入鱼凼后暂时封闭通道，可避免鱼遭农药毒害。用药要选择在晴天进行，施药时田水深浅影响农药的安全浓度，提倡深灌水用药，特别是治虫，水层高既可提高药效，也可稀释药液在水中的浓度，减少对鱼类的危害。施用农药前要将田水加深至 7～10 厘米。14:00 以后喷洒农药的效果最好，天气突变或下雨前不要喷洒农药，否则农药会被水冲刷进入田水中，容易导致鱼中毒。

②选择高效低毒低残留，对鱼无害的低毒农药、环境友好型农药。要根据《通则》中对水产养殖和对水稻生产中农药的使用要求，稻田农药使用要符合《渔用药物使用准则》（NY 5071）、《无公害食品　水稻生产技术规程》（NY/T 5117）、《农药合理使用准则（二）》（GB/T 8321.2）中的要求，严禁使用禁用农药、渔药。依据农业农村部有关规定，在执业兽医师指导下科学用药。

③及时防治。根据《通则》中要求，水稻生产过程应符合《无公害食品　水稻生产技术规程》（NY 5117）的要求，依据这一标准中对病虫害的防治标准防治。此外还需根据当地植保部门发布的病虫害防治信息，及时防治。

④把握农药的正常使用量和安全浓度，保证鱼类的安全。注意控制

好农药的用量和浓度，以免导致鱼中毒。不同的农药对稻鱼种养的主要养殖鱼类具有不同的毒理、毒性，同一种农药，浓度相同而使用方法不同对鱼类的影响也不同，如喷雾法相对于泼洒法更安全。注意控制好用药量，如25%多菌灵以150～200克/亩为宜，安全浓度为1.5毫克/千克；40%稻瘟灵乳剂的每亩用量为50～75克，安全浓度为0.5毫克/千克；5%井冈霉素水剂以100～150克/亩为宜，安全浓度为0.7毫克/千克。农药用量应按农药使用技术要求常规推荐量施药，一般中低毒农药不会引起稻田鱼类中毒，如果超过正常用量，重者会引起鱼类中毒乃至死亡，轻者也会影响鱼类的正常生长发育。

⑤掌握好施药方式。一方面要选择水剂或者油剂的农药，以减少农药落入水中的数量。另一方面要采取喷雾的方式喷洒农药。喷洒时，顺风向喷施，喷嘴向上，雾滴细小，尽量将药剂喷洒在叶面上，以免其进入稻田对水质造成污染。稻田还可分小块喷洒，喷施半块田或一部分田后，隔天再喷施另外半块田或其他田块，分片轮流用药，以减少对鱼类的危害。为保证食品安全，一般每季用药不超过2次，距收鱼20天左右停止用药。

⑥施药后管理措施。施药3天后，待农药毒性对鱼影响较小时，加水回升水位，使鱼重新回到全田。施药后要勤于巡田，如发现鱼类中毒，必须立即加注新水，甚至边灌边排，以稀释水中药物浓度，将鱼转移到没有施药的稻田中，避免鱼类中毒死亡。

（七）水稻收获

1. 水稻收获的要求

抽穗扬花后水稻进入关键阶段，水稻籽粒逐渐饱满依次进入乳熟期、蜡熟期、黄熟期和完熟期，水稻黄熟末期或完熟初期是收获适期，一般南方早籼稻适宜收获期为齐穗后25～30天，中籼稻为齐穗后30～35天，晚籼稻为齐穗后35～40天，晚粳稻为齐穗后40～45天。不同品种和气候条件下水稻适宜收获期略有差异。水稻一般以九成黄时收获较好。收获过早，青米多，籽粒不饱满，产量低，出米率低，米饭因淀粉膨胀受限制而变硬，使加工、食味等品质下降。收获过迟，延迟收获时稻米光泽度差、脆裂多，垩白趋多，黏度和香味均下降，容易脱落损失或穗上发芽。收获时，收割机应尽量低速行驶，以免抛撒过多造成损失。做到全产全收，颗粒归仓。

2. 稻田收获的措施

目前，水稻收获主要采用机械化的水稻收割模式。水稻收割机械按照喂入方式，可分为全喂入式联合收割机和半喂入式联合收割机。全喂入式联合收割机结构简单，适合地形较好的平原地区大面积作业，全喂入联合收割机是将割下的水稻穗部连同茎秆全部喂入脱粒装置中，对作物的适应性强。半喂入式联合收割机收获损失小，适用范围更加广泛，半喂入联合收割机是将割下的水稻用夹持链夹持着茎秆基部，仅使穗部进入脱粒装置脱粒。因此，脱粒时消耗的功率少。种植户可根据需求选择收割机械。

在水稻收获前5～10天就要排除田间多余水分，便于机械下田收获，同时在水旱轮作模式下，收获前排出田间积水有利于后茬作物播栽。对于鱼类养殖而言，不同的鱼类品种养殖时间各有差异。对于水稻收获前捕捞鱼的，鱼被捕捞完成后，提前排水，收获水稻。对于水稻收获后再捕捞鱼的，需要提前降低水层，使鱼进入鱼凼中，待水稻收获完毕，田面秸秆清理完成后再灌入深水。

3. 秸秆处理

秸秆处理是水稻收获的关键环节，在水旱轮作模式下可以将秸秆还田，有利于培肥地力，改善土壤理化环境及后茬作物的生长。对于水稻连作而言，水稻田块长期淹水，如进行秸秆还田可能导致秸秆腐熟不够彻底，造成水体缺氧、水质变差，不利于鱼类生长。对此，可采用秸秆捡拾机将田间秸秆集中处理。

四、水产养殖

（一）苗种/亲本品种及来源

随着稻渔综合种养的发展，稻鱼种养由单品种向多品种混养发展，由养殖常规品种向养殖名、特、优品种发展，从而提高了产品的市场适应能力。稻鱼种养的品种选择的思路：一是出肉率高、抗病力强；二是饲料转化率高、适应环境能力强；三是生长速度快、起捕率高。目前稻鱼种养的品种包括鲤、鲫、草鱼、鲇、泥鳅、罗非鱼、乌鳢、黄颡鱼、鲢、鳙等。

鲤由于其生长速度快、适应性和抗病力强的特点，在我国北方、江浙以及四川等地区有稳定的养殖规模。鲤是典型的杂食性鱼类，能摄食稻田中浮游动植物、底栖动物、植物茎叶、种子及有机碎屑等，既可单养，也可混养。随着新品种选育的成功，不少稻渔综合种养地区也开始引入新品种，如具有生长快、体型好、饲料转化率高、抗病力强和遗传性状稳定的福瑞鲤。其他鲤品种如松浦镜鲤、瓯江彩鲤等也深受养殖户欢迎。

　　鲫营养丰富，肉味鲜美，适应性强，生长快，易饲养，也是稻鱼种养的优选品种之一。鲫食性与鲤相似，也是杂食性鱼。鲫的品种也较多，有湘云鲫、异育银鲫"中科3号"、彭泽鲫、长丰鲫等。稻鱼种养可放养稍大规格的鱼种，如5厘米以上的鲫夏花或50克/尾左右的1龄鱼种，可搭配放养少量当年的鲢、鳙鱼种。

　　鲇适应性强，生长速度快，其肉质细嫩、味道鲜美、肌间刺少、肥而不腻。南方大口鲇在稻鱼种养过程中可投喂人工配合饲料，能够适应规模化、集约化人工养殖，经济效益较高。

　　泥鳅为杂食性鱼类，在天然水域中以昆虫幼虫、水蚯蚓、底栖生物、小型甲壳类动物、植物碎屑、有机物质等为食。投喂的饲料可以选择鱼用配合饲料、泥鳅专用饲料。养殖品种一般选择生长快、繁殖力强、抗病性好的本地泥鳅、台湾泥鳅等。

　　罗非鱼具有生命力强、生长快、杂食性和抗病力强等特点，肉质白嫩鲜美，无肌间刺，营养价值较好。稻田养殖罗非鱼，需要注意罗非鱼不耐低温，其在长江流域的生长期通常从4月上中旬至10月中旬，当水温降到14℃以下时罗非鱼少食或停食，容易死亡。因此稻田养殖该鱼的周期需要视当地水温情况而定。稻田水温降至18℃左右时应及时收鱼。

　　乌鳢肉质细嫩、营养丰富、味道鲜美，经济价值较高。乌鳢对环境的适应性很强，尤其对低溶氧的耐受力更强，当水体缺氧时，可将头露出水面，借助鳃上器官呼吸空气中的氧气，在水少或无水的潮湿地带亦能生存相当长的时间。乌鳢是一种凶猛性鱼类，吃食小型水生动物，如小鱼、小虾、各种水生昆虫等，因此稻田中养殖乌鳢需要根据其食性提供饵料鱼或配合饲料。

　　黄颡鱼肉质细嫩、营养丰富、味道鲜美、刺少无鳞，经济价值较高。黄颡鱼是底栖杂食性鱼类，摄食小虾、小鱼、鱼卵、部分水生昆虫及水生植物等，其抗病力强、病害较少。稻田养殖黄颡鱼，可选择小杂

鱼、菜饼、豆饼等进行投喂，也可投喂配合饲料。由于黄颡鱼是无鳞鱼，其对药物耐性较弱，应避免使用高锰酸钾或刺激性强的含氯药物进行消毒和防治。

鲢，又名白鲢，属于典型的滤食性鱼类，终生以浮游生物为食。鳙，又名花鲢，食物以浮游动物为主。鲢、鳙都具有生长快、疾病少的特点，在稻田中一般作为套养品种，不需要专门投喂饲料。

建议苗种/亲本的来源选择具有水产苗种生产许可经营证的养殖场等。

（二）苗种/亲本放养模式

1. 质量鉴定

投放的鱼种要求体质健康，无病无伤，规格整齐。健康苗种，在养殖生产过程中对病害有较强抵抗能力，发病率低。采用自繁的鱼种/亲本、养殖用水、生产工具等要进行严格消毒，种苗/亲本培育过程中投喂合格饲料，不滥用药物，进行严格的检验检疫和消毒程序，保证苗种/亲本健康。购买外地苗种/亲本时，可通过观察鱼体表是否有出血发红、鳞片脱落、黏膜损伤等现象，游动状态以及对外界刺激的反应等鉴别健康程度。健康苗种/亲本体表光滑、色泽光亮、鳞片完整，游动正常，对外界刺激反应强烈；相反，病鱼常常表现为皮肤充血、有伤口或鱼鳍破损、脱鳞等，游动时离群或独处一角等，对外界刺激无明显反应。有条件者应进行检验检疫，抽样检查鱼种/亲本正常后方可下田。养殖过程中，生产管理者还需定期、主动地监测水质变化情况，采样抽查鱼的生长发育情况，查看是否出现病理变化等，做到及时掌握环境条件、活动情况，做到有病早治、无病早防，杜绝病原体的传播。

2. 规格

稻鱼种养的苗种规格一般满足在一个生长季节或饲养期内能达到商品规格为好。苗种规格应根据各地气候特点、鱼的生长期、放养密度、饲养水平等综合考虑。鱼种放养时间大都在插秧之后，放养的鱼种既可选择夏花鱼种，也可选择春片鱼种。但由于稻田鱼种放养晚，春片鱼种很难购买，相比之下夏花鱼种更容易买到。以四川地区为例，若5月底放鱼，10—11月捕获，则鱼的饲养期仅150天左右，则要求放养的鲤、鲫等品种规格较大，可选体重70～100克的鱼种。若5月底放鱼，预备利用冬闲田养殖至次年捕获，则放养的鲤、鲫等可选择小规格鱼。

（1）夏花鱼种放养　5月中旬前后挑选体格健壮、无伤病、规格整齐的当年产鲤鲫苗种，体长5厘米左右。待禾苗已经生根固定，分蘖整齐，推荐放养密度为每亩350～700尾。苗种充氧运输，鱼种放入稻田前，先调水温，使袋中水温与鱼沟中水温相差不超过2℃（可将充氧的鱼苗袋放入鱼沟中浸泡10分钟左右，然后缓慢加入稻田中的水到袋中），最后连鱼带水缓慢放入鱼沟中。

（2）春片鱼种的放养　在秧苗返青后放养10厘米左右的春片鱼种，推荐放养密度为每亩200～250尾。放鱼时要注意水温差，即运鱼的水温和稻田的水温相差不能大于3℃，否则容易死亡。鱼种放养时要用2%～3%食盐溶液消毒鱼体3～5分钟。放养50～100克/尾的鱼种，放养密度为100～200尾/亩。

3. 投放密度

稻鱼种养鱼种的投放密度与鱼种规格以及水环境密切相关。稻鱼种养需要在保证水稻不减产的前提下，以鱼养稻促稻，提升生态效益和经济效益。密度过大或过小都不利于稻鱼系统总体效益的提升。特别需要注意的是，在考虑高产、追求效益时，不能盲目加大鱼种投放密度。实践经验证实，稻田中鱼种密度过高并不能达到高产高效的目的，一方面，密度过大容易造成水中缺氧，进而影响鱼的生长；另一方面，密度过大易使鱼粪和残饵等营养物质富集，稻田自净能力有限，从而容易造成稻田水质污染。推荐以每亩产成鱼鲜重控制在100～150千克为目标来设计鱼种的投放密度。一是让鱼体现其生态、经济功能；二是要确保生产过程中所产生的废弃物（如鱼粪、残料、残饵）等能及时被稻田自我净化，在改善土壤结构、培肥地力的同时，实现稻鱼的双丰收。

4. 投放时间

鱼的投放时间与水稻种植时间、投放鱼种大小相关。鱼的投放时间在水稻种植以后，即6月前后，待秧苗返青较好后。避免鱼的活动对早期秧苗生长产生不良影响，特别是投放大规格的鱼苗，更需要注意。

（三）运输

1. 运输方法

目前，鱼苗/亲本的运输方式主要为带水运输。运输前检查鱼苗/亲本的健康情况，对健康的鱼停食暂养，以促进鱼体代谢物的排泄，对保持水质清洁有重要作用，利用活鱼运输车运输或用尼龙/塑料袋充氧运

输。运输过程保持充氧并注意换水等，以便获得更高的存活率，延长运输时间。运输时注意保持水温的稳定，鱼苗运输水温温差不超过3℃，亲鱼运输水温温差不超过5℃，避免因温差过大使鱼产生应激。如运输距离较远，水质容易恶化，水温也容易变化，运输途中需要专人负责。运输中应注意观察鱼的活动情况，是否有鱼浮头等；若需要换水，每次换水量为原水量的1/4～1/3。

2. 运输工具

运输距离较远，一般采用专门的鱼罐车进行运输，便于及时充氧和换水；若运输距离较短，运输量较小，可将鱼苗/亲本用塑料/尼龙袋充氧后，用方便、快捷的运输工具进行运输。

（四）饲料投喂

1. 饲料种类

养鱼饲料按其来源可分为天然生物饵料、青饲料、精饲料和配合饲料四大类。饲料种类的选择与饲养鱼的种类密切相关。稻田中杂草、昆虫、浮游生物、底栖生物、野杂鱼等饵料可供鱼类摄食，每亩可形成10～20千克的天然鱼产量，要达到亩产50千克以上的产量，必须采取投饵措施。天然生物饵料主要包括浮游生物、底栖动物、碎屑、藻类等。养鱼的青饲料种类较多，比如稗草、狗尾草、菜叶、瓜叶、马铃薯茎叶、苦草、轮叶黑藻等。精饲料有植物性饲料、动物性饲料和微生物饲料等，植物性饲料包括谷实类、糠麸类、饼粕类等，动物性饲料主要有鱼粉、骨肉粉、鱼、畜禽的下脚料等。鱼用配合饲料是依据鱼类的营养标准和饲料的营养价值，按营养平衡的饲料配方配制，通过机械粉碎、混合搅拌、成型加工等流程制成的商品饲料。配合饲料具有投喂方便、营养全面等优点，能有效提高饲料的利用率。若饲喂鲤、鲫鱼苗，以施有机肥或投喂豆浆等培育浮游生物为主；若饲养鲤、鲫成鱼，则以投喂配合饲料为主，可辅以米糠、酒糟等。若饲喂乌鳢等肉食性为主的鱼类，需要投喂饵料鱼或其他动物性饲料，如果投放的乌鳢等鱼经过驯化适应人工配合饵料，可使用人工配合饵料进行投喂。当乌鳢适应人工配合饵料后，要坚持投喂到底，不能中途混合投喂鲜活鱼虾等，否则，乌鳢会吃鲜活鱼虾而不再吃人工配合饵料。若饲喂草鱼，可投喂青饲料和配合饲料，但需特别注意的是，放养大规格草鱼种时，必须投足饵料，否则草鱼将取食水稻分蘖芽，使水稻颗粒无收。

2. 投饵频次

投饵频次总体而言随着鱼进入生长旺季而增加，水温超过 15℃ 开始正常投喂，一般每天投两次，上午（08：00 前后）、下午（17：00 前后）各一次。在 6—9 月的日投饵次数可以增加到 3～4 次。每日投饵次数具体视水温、天气和鱼类吃食情况而定。若遇梅雨季节，应控制投饵量，适当减少投饵次数。水稻收获期，减少投喂次数；水稻收获后投饵频率恢复，后期随气温下降，鱼的摄食量逐渐减少，当水温下降到 10℃ 以下时，停止投喂。

3. 投饵量

科学确定投饵量，合理投喂饲料，对提高鱼产量、降低生产成本有着重要意义。可根据稻鱼种养方式预估当年净产量，然后确定所用饲料的饲料系数，估算整个养殖周期的饲料总需求量，然后根据季节、水温、水质与养殖对象的生长特点，逐月计划饲料量，一般 7—9 月是鱼的生长旺季，饲料量需求最大。具体投饵量应根据鱼的摄食情况及时调整，每次投喂量以鱼半小时吃完为宜。一般在饲养的初期，由于田中天然饵料较多、鱼体也小，投喂量较小，日投喂量在鱼总重量的 1%～2%；中期根据鱼的吃食情况逐渐增加投饵量，特别是 7—9 月鱼生长快，应增加日投饵量，日投喂量可增加为鱼总重量的 6% 前后；后期在 10 月前后，随气温下降，鱼的摄食量逐渐减少，应渐减投饵量，投饵量调整为鱼总重量的 3% 左右；当水温下降到 10℃ 以下时，即停止投喂。具体投喂量还应结合鱼的密度、水温、水质等而定，如在阴天和气压低的天气应减少投饵量。

4. 投喂方法

投饵要坚持"四定"——定时、定量、定质、定点的原则。投喂配合饲料可采用人工手撒投和机械自动投饵两种方式。为了减少饵料散失和便于清除残饵，宜在鱼凼中间搭建一个食台。粉状饵料加水揉成团后投放在食台上，粉料不宜直接撒投。不论哪种方法投喂，都需要细心观察鱼的摄食状态。一般情况下，养殖鱼类经过一段时间（1 周左右）的摄食训练，很容易形成条件反射，养成集中摄食的习惯。形成条件反射的鱼，在人工撒饲料时，鱼会很快聚集吃食。若鱼很快吃完饲料，则应适当增加投饵量；若较长时间（一般 1 小时以上）吃不完，剩余饲料较多，则需要减少投喂量。一般在吃食后 3 小时或当天傍晚检查食台，以

71

没有剩余饲料为好。采用机械自动投喂，需要注意设置每次的投喂量，观察鱼的摄食情况。不论哪种投喂方式，需要根据实际情况，灵活掌握。如天气不正常，遇闷热、雷阵雨或大雨时，应暂停投喂；水温过高或过低时应减少或暂停投喂等。

（五）养殖管理

1. 水质管理方法

保证养殖用水的"肥、活、嫩、爽"是鱼生长的关键。根据稻田水质的情况，可科学地选用适宜微生物制剂进行水质改良。水质过肥，选用硝化细菌；水质较瘦，选用光合细菌。水的调节管理是稻鱼种养的重要一环。稻鱼种养灌水调节可分为6个时期：禾苗返青期，水淹过厢面4～5厘米，利于活株返青；分蘖期，水淹过厢面2厘米，利于提高泥温促进分蘖，防杂草和夏旱；分蘖末期，沟内保持大半沟水，提高有效穗成穗率；孕穗期，做到满沟水，利于水稻含苞；抽穗扬花期到成熟期，沟内一直保持大半沟水，利于养根护叶；收获期，水淹过厢面4～5厘米，利于鱼类觅食活动。稻谷收割后可尽量加深田水，延长鱼的生长时间和空间。

种养稻田水位水质的管理，既要服务鱼类的生长需要，又要服从水稻生长对环境"干干湿湿"的要求。水质根据天气、水温等条件灵活掌握。在水质管理上要做好以下几点：一是根据季节变化调整水位。4—5月为了提高水温，鱼沟内应保持水深0.5～0.8米；随着气温升高和鱼类长大，水深可继续加深，8—9月水位可提升到最高。4—6月每隔15～20天换水1次，每次换水1/5～1/4；7—9月每周换注水1次，每次换注水1/3，以后随气温降低而减少换注水次数。水肥或天气干旱、炎热时，加水次数和加水量可适当增加。加注新水要在喂食前或喂食2小时后，加水时间不宜过长。加注新水可改善水质，有利于浮游生物更新换代，对疾病的预防有一定的作用。盛夏时期，水温有时候可达到35℃以上，要及时注入新水或者进行换水，调节温度。此外，还要根据水稻晒田治虫要求调控水位。当水稻需晒田时，将水位降至田面露出即可，晒田结束随即加水至原来水位。若水稻要喷药治虫，应尽量采取叶面喷洒，并根据情况更换新鲜水，保持良好的生态环境。

2. 其他日常管理

俗话说"稻鱼种养，三分技术，七分管理"，日常管理工作的好坏是稻鱼种养成败的关键，要防止重放轻养的管理倾向。坚持早、中、晚定期巡田，认真观察水质、鱼的活动与摄食等情况，记录好水温、鱼群活动情况、鱼病死亡情况、投喂饵料、粪肥、渔药使用量和次数等。每天定期巡田，仔细观察稻田四周，平时多注意检查拦网设备，及时清除拦网上及稻田四周的垃圾，以免堵塞进排水口。如发现敌害鸟类、鼠、蛇等，应及时捕杀或阻挡，以确保鱼的健康生长。发现田埂倒塌和缺口，有漏洞情况，要及时修补。天旱须加强灌溉，暴雨天气要防止洪水漫埂、冲毁拦鱼栅；发现田埂塌漏要及时堵塞、夯实，注意维修进出水口的拦鱼栅。

（六）病害防控

稻鱼种养，需要重视疾病的预防工作，树立"防重于治"的观念，从管理好稻田水环境、加强日常饲养管理、提高鱼的免疫力三个方面来进行疾病防控。稻鱼种养模式由于养殖密度较低，养殖时间较短，病害少有发生，调查发现有少量的细菌性烂鳃病和寄生虫病偶发。以下就稻鱼种养中常见鱼类疾病的发生、症状及防治方法等予以简介。

1. 水霉病

（1）病因及症状　该病主要发生在 20℃ 以下的低水温季节。鱼类在越冬期或开春季节时，因鱼体的损伤、鳞片脱落，导致水霉菌入侵并在病灶处迅速繁殖，长出许多棉毛状的水霉菌丝。病鱼焦躁不安，游动缓慢，食欲减退，鱼体消瘦终至死亡。

（2）防治方法

①在捕捞搬运和放养时尽量避免鱼体受伤，使水霉菌难以侵入，同时注意放养密度要合理。

②鱼入田前可用浓度为 3‰～4‰ 的食盐水浸洗鱼体 5～15 分钟，进行鱼体消毒。

③发生水霉病时，可用 0.4 克/升的食盐与小苏打合剂全田泼洒或浸洗病灶；旱烟叶每亩 10 千克，煮水全田泼洒；五倍子碾碎煮水全田泼洒，每立方米水体用药 4 克。

2. 小瓜虫病

（1）病因及症状　流行于初冬和春末，水温为 15～25℃ 时，小瓜虫寄生或侵入鱼体而致病。肉眼可见病鱼体表、鳃部有许多小白点。此病流行广、危害大，养殖密养大的情况下尤为严重。病鱼游动迟缓，浮

于水面，有时集群绕田游动。

（2）防治方法

①放养前用生石灰清田沟（凼）消毒，以杀灭病原。

②合理掌握放养密度，放养时进行鱼体消毒，防止小瓜虫传播。

③发病时，可用90％晶体敌百虫全池泼洒。

注：不可用硫酸铜与硫酸亚铁合剂，因其对小瓜虫无效，反而还会加重病情。

3. 车轮虫病

（1）病因及症状　流行于初春、初夏和越冬期。车轮虫寄生于鱼体皮肤、鳍和鳃等与水接触的组织表面而致病。病鱼体色发黑，摄食不良，体质瘦弱，游动缓慢；有时可见鱼体表微发白或瘀血，鳃黏液分泌多，表皮组织增生，鳃丝肿胀，呼吸困难，最终窒息死亡。

（2）防治方法

①定期检查，掌握病情，及时治疗。

②每立方米水体用0.7毫克的硫酸铜与硫酸亚铁合剂（5∶2）全池泼洒，情况严重的连用2～3次。

4. 细菌性赤皮病

（1）病因及症状　主要发生于越冬期。荧光极毛杆菌入侵鱼体，病灶周围鳞片松动，充血发炎，体表溃烂，背鳍两侧、鳃盖中部的色素消退。

（2）防治方法　捕捞、运输中小心操作，以防机械性损伤。发病前宜用食盐或漂白粉浸洗消毒。发病时每立方米水体用含氯30％的漂白粉1克全池泼洒。

5. 细菌性烂鳃病

（1）病因及症状　细菌性烂鳃病是一种常见病和多发病，是由柱状黄杆菌感染而引起的细菌性传染病。病鱼游动缓慢，体色变黑。发病初期，鳃盖骨的内表皮往往充血、糜烂，鳃丝肿胀。随着病程的发展，鳃盖内表皮腐烂加剧，甚至腐蚀成一圆形不规则的透明小区，俗称"开天窗"。鳃丝末端严重腐烂，呈"刷把样"，其上附有较多污泥和杂物碎屑。该病从鱼种至成鱼均可感染，一般流行于4—10月，尤以夏季流行为盛，流行水温15～30℃。

（2）防治方法　预防本病应做到鱼种下田前用10毫克/升的漂白粉或15～20毫克/升的高锰酸钾药浴15～30分钟，或用2％～4％的食盐水

溶液浸泡5~10分钟。在发病季节，每月全池遍洒1~2次15毫克/升的生石灰。该病发生时，可采用药物泼洒和拌饲投喂的方式配合进行治疗。

（七）捕捞

1. 捕捞工具

常见的捕捞工具包括鱼网、抄网、手抛网、地笼等。鱼网一般由网线、网片、绳索、浮子和沉子等组成，利用鱼网在稻田中捕鱼。需要考虑鱼沟或鱼凼的大小，一般鱼网的长、宽要分别达到鱼沟/鱼凼长、宽的1.8倍以上。网眼大小选择依据鱼的规格选择，一般选择比鱼规格稍小的，过小和过大都不适合。抄网由网杆、网布和网头几部分连接组成，一般用于浅水环境捕捞，每次捕捞量有限，可结合其他网具捕捞，对于"漏网之鱼"要再清理。手抛网一般由手绳、网头圈、网、吊绳线和加重坠子等组成。手抛网每次捕捞的量也比较有限，一般用手抛网捕捞需要观察鱼的取食点，在鱼比较集中的地方捕捞效果更好。地笼一般由网布、钢圈和绳索等组成，选择地笼进行捕获一般需要提前布网，网中提供诱饵，网目不宜过小，防止捕鱼后鱼长时间困于其中缺氧而死。

2. 捕捞方法

可采用拉网捕捞、干田捕捞、撒网捕捞、地笼捕捞等方式。拉网捕捞需要选择与鱼沟、鱼凼大小合适的网具，网目大小根据鱼的大小进行选择。拉网前适当排水，然后将网从鱼沟、鱼凼一侧放入水中，两队人分列鱼沟、鱼凼两边，然后向鱼沟、鱼凼的另一边牵拉，可多次拉网，以便增加起捕量。干田捕捞是在捕捞前排水，待鱼沟、鱼凼中的水排至20厘米左右时，利用抄网或较大的篮筐/竹筐进行捕捞。需要注意的是，利用抽水泵抽排水时，须将抽水泵进口隔离以避免鱼被吸入抽水泵中。干田捕捞应避免选择午后水温高的时间段。撒网捕捞通常选择在鱼摄食的位置，可投喂饲料使鱼集中，随即迅速撒网捕获。由于撒网捕捞的面积有限，且鱼容易因此应激，撒网捕捞的量有限，需要反复进行。地笼捕捞一般是傍晚时投放地笼，次日清晨取地笼收获。

第二节 典型模式及案例

一、浙江丽水"丘陵山区稻鱼共作模式"

"稻鱼共作"是浙江省丽水市的传统农业种养模式，有悠久的发展

历史和深厚的文化积淀。2005年青田县稻鱼共作被列为全球重要农业文化遗产保护项目。由于丘陵地区田块不大，该模式在田中不开挖鱼沟、鱼坑，采用平田式，但会在房前屋后修鱼坑，在冬季利用鱼坑让鱼种过冬。以下介绍浙江丽水"丘陵山区稻鱼共作模式"主要技术要点。

1. 稻田选择

种养稻田要求水源充足，水质良好，无污染，排灌方便不渗漏，光照条件好、旱涝保收的田块，最好集中连片。

2. 稻田基础设施建设

加宽、加高、加固田埂：要求田埂高50厘米以上，宽30厘米以上，坚固结实，不漏不垮。方法有四种：第一种方法，硬化田埂，可以在原田埂内侧和上面用水泥沙石硬化加固，厚度10厘米以上，使之成为永久性设施。第二种方法，用水泥板、条石紧贴田埂内侧，用泥土夯实，并用水泥浆勾缝。第三种方法，用毛竹片编成篱笆，作为田埂护栏。第四种方法，用塑料薄膜护田埂。

开好进、排水口：进水口和排水口要设在稻田斜对两端，进、排水口内侧用竹帘、铁丝网等做好拦鱼栅，上端高出田埂30～40厘米，下端要埋入土中20厘米左右。拦鱼栅的孔径一般以能防止鱼逃出和水流畅通为原则，对于夏花鱼苗，孔径大小为0.3～0.4厘米。拦鱼栅要呈半月形固定在进、排水口上。

搭棚遮阳：为防止夏季水温高烫伤鱼苗，在进水口或投饲点搭棚，棚边种植瓜类、爬蔓类、豆类作物，为鱼的生长创造良好的环境。

安装捕虫灯：每35～50亩稻田安装1盏太阳能捕虫灯。

3. 鱼种放养

（1）放养前准备　首先要进行稻田消毒和施肥。时间是鱼下田前10～15天，用生石灰50～75千克/亩消毒。待6～8天生石灰产生的碱性消失后灌水，耙平插秧，并且一次性施足有机肥。

（2）鱼种选择　选择青田本地鱼大规格鱼种（体长10～13厘米），这些良种具有肉质细嫩、抗逆性强、产量高、容易饲养、生长速度快等优点。鱼种要求体表光滑、鳞片完整、健康活泼、无病害。

（3）放养时间　冬片鱼种要在2月以前投放，夏花鱼种在5月底至6月上旬投放。目前，有条件的稻田一般改春季放养为冬季放养，这是为了增强鱼体的抗病能力，这样等到春季水温上升时，鱼就会提早觅食，产量也会有所提高。投放时要注意水温，水温差不能大于3℃，大于3℃要调温后投放。调节装运鱼苗容器的水温和田块的水温，使之基本一致，然后将鱼苗放于田块里，喂以精饲料。要尽量避免在炎热的晴天中午放养鱼种。

（4）鱼种消毒　投放鱼种时还应注意对鱼种进行消毒。具体做法是，将鱼种放入2‰~3‰的盐水中浸洗5分钟左右，多数的鱼苗浮头时即可捞出。

（5）放养密度　一般成鱼养殖投放10~13厘米的冬片鱼种500~1 000尾/亩；如果是专门培育的鱼种，其密度应控制在3 000~4 000尾/亩。

4. 水稻栽培要点

（1）稻种选择　根据稻田养鱼的特点，因地制宜结合当地气候和土壤条件，选择株型紧凑、分蘖能力强、抗病虫能力强和耐肥抗倒伏的高产杂交优良品种。以Y两优1号和中浙优1号、甬优系列为主。

（2）秧苗选择　选择长龄壮秧、多蘖大苗。

（3）施肥　以施有机肥为主，控制氮肥。一般基肥施三元复合肥（45%）30~40千克，腐熟厩肥750千克。追肥在水稻移栽后10~15天，每亩施尿素7.5千克。

（4）种植密度　合理控制水稻种植密度，采用壮个体、小群体的栽培方法，常规品种插播密度为25厘米×25厘米、杂交稻30厘米×30厘米，视田块情况间隔一定距离留40厘米的田间操作行。

（5）病虫害防治　以农业生态综合防治为主。利用鱼来控制杂草和水稻基部病虫害，如纹枯病、飞虱等，达到少用药或不用药的目的。在病虫害严重发生时可适当选用生物农药和部分高效低毒的化学农药。确实需要用药时，螟虫类可选用苏云金杆菌防治；叶蝉飞虱类选用吡虫啉；稻瘟病选用三环唑或多菌灵；纹枯病选用井冈霉素。在一季水稻中对同一品种用药最多不超过2次，并严格掌握安全间隔期。

5. 日常田间管理

（1）巡塘　坚持勤巡田，每天早晨、傍晚各巡视一次，做好防旱、防涝、防逃、防敌害、防鱼病工作，及时发现和解决问题。检查田埂有无漏洞，拦鱼栅有无损坏，鱼的吃食是否正常，有无病鱼等现象。要防

止水蛇、食鱼鸟、田鼠等对鱼造成危害，还要检查稻田水质是否缺氧，发现鱼浮头就应该及时灌水补氧。

（2）病虫害防治　鱼病防治要贯彻"以防为主、以治为辅"的方针。一般用漂白粉、生石灰进行水体消毒；用食盐水进行鱼体消毒。当水温在10℃以上时，每隔15～20天按每5厘米深水层用生石灰1千克/亩，化水后全田泼洒；或者每立方米水体用漂白粉1克，用纱布包扎好，挂在进水口，让水流将漂白粉溶入水田中。出现寄生虫时，可用樟树枝、松树枝浸泡等方法来防治。平时要保持大田水质清洁，活水养鱼，增强鱼体的抗病能力。水稻防病治虫喷洒药物时，要加深田中水位，防止水中农药浓度过高造成鱼中毒。要选用高效低毒农药，禁止使用呋喃丹、水胺硫磷、菊酯类农药。养鱼田块的上游严禁使用高毒农药，以免伤鱼。

（3）饲料投喂　养殖前期可多投喂人工配合饲料，利于鱼类生长；后期多投米糠、麦麸、豆渣、红薯、动物性饵料等，以改善鱼品质。一般每日投喂2次，即08:00—09:00和15:00—16:00。每次投喂饵料的量一般以20分钟内鱼能吃完为宜；每次投喂的地点要固定，使鱼养成到固定地点吃食的习惯，以便观察鱼类生长情况；投喂的饲料要新鲜卫生。

（4）田水管理　在水稻生长期前期保持浅水位，随水稻生长逐步提高水位，保持在5～20厘米并保水质"鲜、活、嫩、爽"微流水状态，以满足水稻生长和养鱼需要。在冬春水田空闲期，则采用深水养殖方式，保持水深20厘米以上，有利于鱼种越冬和成鱼生长。

6. 收获贮塘上市

鱼达到商品规格后，可采取捕大留小的方法分批上市。但大批量的捕鱼时间应在稻谷将熟或晒田割谷前。冬闲田饲养的食用鱼可养至第2年插秧前。捕鱼方法：可在夜晚缓慢放水，在出水口设置网具，将鱼赶至出水口一端，让鱼落网被捕，或放浅水后用抄网捕捞后迅速转入清水网箱中暂养。

二、云南元阳"哈尼梯田稻鱼鸭综合种养模式"

云南省红河州梯田养鱼历史悠久，元阳、红河、金平、绿春等地历史上就有稻田养鱼的习惯。2013年，红河哈尼梯田被联合国教科文组织列为世界文化遗产，被 FAO 列为全球重要农业文化遗产保护项目。随着高原特色现代农业的发展，当地引入了"种植一季稻、放养一批鱼、饲养一批鸭"的稻、鱼、鸭共生种养技术，并根据实际进行了探索和完善，既高效利用了稻田资源，解决了"谁来种田"的问题，又通过稻田流转创新了农业经营方式，解决了"如何种好田"的问题；既降低了农药化肥使用量，又促进了水稻增产；既调整了农业产业结构，又探索创新了种养技术，实现了"一水三用、一田三收、稻鱼鸭共赢"的种养模式，取得了较好的经济、社会和生态效益。以下介绍"哈尼梯田稻鱼鸭综合种养模式"主要技术要点。

1. 水稻种植技术

（1）选用良种　选择高产、优质、抗病、耐寒、适应性强的中熟品种（红阳 2 号、红阳 3 号、红稻 8 号）。

（2）培育壮秧　采用旱育秧、湿润薄膜育秧和集中育秧，培育壮秧的方法主要是培肥秧田、扣种稀播、肥水管理。

（3）培肥秧田　①旱育秧：经过秋冬或春季培育过的苗床，在播种前 15～20 天每平方米苗床施硫酸铵 60 克、水溶性磷肥 80 克、氯化钾 30 克。②湿润育秧：播种前 10～15 天亩施腐熟农家肥 1 000 千克和普钙 50 千克。

（4）扣种稀播　湿润育秧的播种量不超过 25 千克/亩，秧田与大田比不超过 1∶10。旱育秧的播种量不超过 30 千克/亩，秧田与大田比不超过 1∶15。

（5）肥水管理　适时施用断奶肥和送嫁肥。断奶肥：在 2 叶 1 心期亩施尿素 5～10 千克。送嫁肥：在移栽前 3～5 天亩施尿素 5 千克。水分管理：湿润秧揭膜前沟内保持浅水，揭膜后浅水上墒，遇寒潮深水护苗，4 叶 1 心期适当晾田，强壮根系。旱育秧要严格控水，当土壤干燥、秧苗早晚叶尖无水珠时，叶片打卷时适量浇水，始终坚持旱育。

（6）精细整田　移栽前人工整田，三犁三耙，耕层深度 20 厘米以上，田平泥化。加固田埂。加高加固，夯实打牢，埂高 50～80 厘米，埂宽 50 厘米，水层保持 0.2 米以上，做到田埂不渗漏、不坍塌。

（7）合理密植　秧龄 40～45 天，叶龄 5.5 叶，单行条栽，规格为 27 厘米×15 厘米，亩栽 1.7 万丛，每丛 1～2 苗，基本苗在 2.5 万～3 万苗，保证亩有效穗数在 17 万～19 万穗。

（8）水肥管理　全田测土配方施肥，以农家肥为主，配施氮磷钾肥。

①施肥量。亩施尿素 15～25 千克，碳铵 20 千克，普钙 50 千克，氯化钾 15 千克，硫酸锌 2 千克，腐熟农家肥 1 000～1 500 千克。

②施肥方法。基肥：亩施腐熟农家肥 1 000～1 500 千克，碳铵 20 千克，普钙 50 千克，氯化钾 10 千克，硫酸锌 2 千克。分蘖肥：栽后 5～7 天亩施尿素 10～15 千克。穗肥：栽后 35～45 天亩施尿素 5～10 千克、氯化钾 5 千克。抽穗扬花后，用粉锈宁、磷酸二氢钾、尿素混合叶面肥喷施。

③管水原则。浅水插秧、寸水活棵，薄水分蘖，够蘖晒田，足水孕穗，干湿交替，干干湿湿至成熟。

（9）病虫害综合防治　坚持"预防为主、综合防治"的原则，以农业防治、生物防治和物理防治为主，化学防治为辅，当田间达到防治指标时，适时进行药剂防治。重点加强对"两虫（螟虫、飞虱）、四病（稻瘟病、叶枯病、白叶枯病、稻曲病）、一鼠"的综合防治。

（10）适时收获　"九黄十收"，谷粒成熟度达 90% 以上时收割脱粒晒干贮藏。

2. 养鱼技术

（1）选用鱼种　选择生长速度快、适应能力强、耐浅水的杂食性鱼种，主要是鲫、鲤和鲇等，三种鱼类也可以相互搭配，也可搭配其他品种，如罗非鱼、大口鲇、草鱼等。主养鱼种每亩放养体长 10～15 厘米的鱼种 15～18 千克，搭配体长 10～15 厘米的其他鱼种 3～5 千克（150～200 尾）。鱼种投放时用 2%～4% 的食盐水或 10 毫克/升的高锰酸钾溶液浸泡 10～20 分钟。放鱼时要特别注意水温，最好反复在装鱼容器内加入稻田清水，让鱼种充分适应田间水温后再放；放鱼后，每天定时定量根据不同鱼种投放相应饵料，如青草、麦麸、豆饼、米糠等。

（2）开挖鱼沟、鱼凼　在栽秧前开挖鱼沟、鱼凼，开挖面积占稻田面积的 5%～10%。鱼沟宽 0.5 米、深 0.4 米以上，开挖形式根据田块形状、大小而定，一般开成"一""井""口""十""田"字形沟。鱼凼可建在田边、田角或田中央，面积 5～20 米²/亩，深 0.6～1.2 米，有条件的可采用砖石支砌。在田埂的进、出水口处安装拦鱼栅，防止鱼逃逸。

（3）日常管理 给水管理，水稻生长初期，水位保持3～5厘米，让水稻尽早返青，水稻生长中后期，水位保持在15厘米左右。投饵，每天投喂1～2次，主要投喂嫩草、菜叶、米糠、麦麸、豆渣、酒糟、玉米面和配合饲料等。防漏和防逃，做到经常疏通鱼沟，晒田时田水要渐渐排干，使鱼随水集中到鱼沟、鱼凼中；经常检查进出水口和拦鱼设备，如有杂物堵塞，应及时清理，发现田埂崩塌、漏水，应及时修补；经常驱赶害鸟、水蛇等。放置杀虫灯，杀虫灯安放在稻田中央鱼沟附近，与鱼凼保持一定距离，每30亩左右安放1个（20：00开灯，清晨07：00关灯）。

（4）适时收获 到水稻收获后，鲜鱼适时收获出售。

3. 养鸭技术

（1）鸭田准备 稻田四周用遮阳网作围栏或编制篱笆，围栏高1米，每5米插一根木桩加以固定，木桩高1.5米，插入土中0.4米。

（2）鸭舍建设 鸭子需要稳定的栖息地，应在稻田边搭建凉棚，以遮阳防雨。鸭舍一般高出水面15厘米左右，面积大小可根据放养鸭的数量而定。根据养殖户的条件和田块地形情况选择长期性固定鸭舍或简易鸭舍，一般在田的一侧按每平方米8～10只鸭建舍，鸭舍高为0.8米，长为1.8米，宽为1.4米，舍顶遮盖，三面作挡，舍底用木板或竹条铺平。

（3）鸭苗选择 选择成活率高、食性杂、喜群居、肥育期短、生长速度快、适应能力强、产蛋多的品种（如本地麻鸭）。在水稻播种后10天左右开始准备鸭苗，先在农户家中精心饲养，使仔鸭体重达到100～150克。亩投放20只45天左右的雏鸭，在水稻灌浆至收获期间圈养蛋鸭。

（4）日常饲养 水稻移栽20天，水稻处于分蘖盛期时，便可把已准备好的鸭苗赶入田间放养，每亩大田放养20只左右（可在一定区域赶放）。早上放鸭子进田，傍晚将鸭子赶回鸭舍，每天如此，后期鸭形成习惯后即不必再进行。每天定时、定点投喂，可投喂稻谷、玉米或配合饲料。投喂量视鸭的规格而定，可按每只鸭投喂50～100克计算。

（5）鸭病防治 坚持"预防为主、防治结合"的防控方针，结合当地实际，制定合理的免疫程序。20日龄时肌内注射鸭瘟弱毒疫苗1毫升，30～40日龄时肌内注射禽霍乱疫苗2毫升。平常可用0.01%～

0.02%的高锰酸钾饮水防疫。

（5）适时收获　在蛋鸭产蛋期适时收捡鲜蛋出售；水稻孕穗末或初穗时便可收回鸭子，上市销售。

三、贵州从江"稻鱼鸭共生模式"

稻鱼鸭传统农业生态系统（即"稻鱼鸭共生模式"）历史悠久，于东汉时期就已经出现在我国西南山区的川蜀一带。千百年后，在贵州、湖南、广西等地的少数民族，尤其是侗族聚居区，依然保持着这样的农耕方式。稻鱼鸭传统农业生态系统与现代生态农业所倡导生态环保、循环经济的可持续发展生产理念天然契合。由于其突出的环境、经济和社会效益，2011年从江县稻鱼鸭系统被列入全球重要农业文化遗产保护项目。近年来，国内众多学者从稻鱼鸭传统农耕的生态和经济效益、民族文化传承与生态环境维护、全球重要农业文化遗产等角度进行了调查及研究。结合自然生态条件，当地农民在土地资源紧缺的自然条件下，长期摸索创造出独特的生产方式和土地利用方式。种植糯稻的同时放养鱼和鸭类，让稻、鱼、鸭同步生长，在此过程中三者相互依存、相互制约，人参与其中起到宏观调控的作用，控制三者的种植或放养时间，达到稻鱼鸭在稻田内并存、共同生长的效果。在山地坡陡的自然环境下，一块稻田可以生产出多种产品，不仅提升了综合产值，而且在生产过程中达到了物质的循环利用，成为可持续运行的微型农业生态系统。从江侗乡的香禾糯品种达40多种，主要有榕禾、笓须禾、王禾、蛙禾、雷株禾、冷水禾等。稻田内其他生物也十分丰富，鱼以鲤为主，其次是鲫、草鱼等；鸭子是本地特有品种，如水鸭、三穗麻鸭。除了养鱼、放鸭，还有螺、蚌、虾、泥鳅、黄鳝等野生水生动物，茭白、莲藕、慈姑、水芹菜等野生植物品种。以下介绍贵州从江"稻鱼鸭共生模式"主要技术要点。

1. 稻田选择

选择水源有保障、田埂基础好、田块较大、保水性能好的稻田。

2. 稻田改造

种养稻田在鱼种放养前必须进行修整改造，加高、加固田埂，做到不垮不漏。秧苗栽插1个月后，秧苗转蔸时可移苗开挖鱼沟、鱼凼，在田的一角或中央搭建鱼窝（鱼凼上方）用树枝或稻草、杂草覆盖，达到避暑御寒、防敌害的效果。

3. 品种选择

品种选择包括水稻品种的选择和养殖鱼类的品种选择。选择生长周期长、高秆、耐肥、耐淹、抗倒伏、质优的水稻品种。以糯稻为首选品种（糯禾为从江特有水稻品种，适宜在山冲"阴、冷、烂、锈"田里生长）。鱼品种选择：主养从江土著鲤，可根据稻田养殖条件，适当搭配一定量的草鱼，通常土著鲤与草鱼比例为 10∶1，规格一致。

4. 鱼种投放

从江土著鲤成鱼养殖有稻鱼同季养殖和泡冬田养殖 2 种模式。模式不同，鱼种投放时间不同。稻鱼同季养殖模式，鱼种投放通常在每年 5 月中旬前后，水稻栽插结束后 7 天内，田水转清后投放。泡冬田养鱼模式，鱼种投放在 9 月中下旬或 10 月初，水稻收割或摘禾结束后即可蓄高水位；投放鱼种可以是稻鱼同季养殖，"捕大"后留的小鱼种继续在田中放养（通常干田时捕捞大鱼，达不到食用规格的鱼种留着继续放养），也可增投规格较大的鱼种。投放规格及密度：以靠采食天然饵料为主，不投放任何饵料的粗放养殖，一般投放夏花鱼种 50~80 尾/亩；如果稻田条件较好，以投饲为主的精养殖，则可投放 100~200 尾/亩。

5. 日常管理

经常观察鱼的摄食和水稻生长及稻田水源情况，防旱防涝。特别注意高温干旱季节水的正常供给和大雨时田水漫埂逃鱼情况，保持进排水口、鱼栅栏和鱼沟、鱼凼的水流畅通，同时做好防盗、防敌害工作。

6. 成鱼起捕

稻鱼同季养殖模式：鱼养殖过程与水稻生长过程一致，成鱼起捕时间在晒田或水稻收割放水时进行。首先疏通鱼沟、鱼凼，将田水慢慢排放干，使鱼逐渐聚集到鱼沟、鱼凼中，然后进行成鱼起捕。小的留在本田或移到其他水田进入泡冬田养殖模式继续放养。泡冬田养殖模式：成鱼起捕时间为次年开始整理田块进行水稻扦插的时候。泡冬田养殖模式鱼种放养规格比较大，经过冬季饲养，主要是维持或加强土著鲤"肉质鲜嫩"的优良品质。

四、广西"三江模式"

广西壮族自治区大力发展以"一水两用、一田多收、种养结合、生

态循环、绿色发展"为主要特征的"稻渔立体生态综合种养"模式，以绿色发展的理念推动农业供给侧结构性改革。当地农技部门在总结传统"一季稻＋鱼"（一年仅种一季稻谷和收获一次稻田鱼）模式的基础上进行创新发展，形成了"一季稻＋再生稻＋鱼"模式，即在一季稻收获后再蓄留一季再生稻，并在稻田中继续养鱼。以下介绍广西"三江模式"再生稻配套栽培技术。

1. 头季稻品种选择

宜选择产量高、再生能力强、抗性好、适应性广、米质优的超级稻、杂交稻中迟熟品种（组合）用于头季稻种植。

2. 稻田选择

选择能灌能排的保水田来蓄留再生稻。排水不通畅的田块因不利于露晒田而不宜蓄留再生稻。

3. 播种育秧

春季平均气温升达 12℃的初日为头季稻安全播种期，秋季平均气温降达 24℃（高海拔地区为 23℃）的初日为再生季稻安全齐穗期。因此，宜在春季平均气温升达 12℃的初日抢晴播种。宜采取防寒育秧方式，湿润育秧田播种量为每 100 米^{2}播种 2.25 千克，旱育秧田每 100 米^{2}播种 4 千克；稀播匀播，播后覆盖塑料薄膜进行保温防寒。至 2、3 叶龄时趁晴暖天气进行揭膜炼苗，每 100 米^{2}秧田用 5% 多效唑 15 克兑 50 千克水进行稀释喷洒，以促进秧苗分蘖、控制苗高，至 4.5～5.5 叶龄时移栽到大田。

4. 水肥管理

水分管理。①坚持露晒田。随着稻株和鱼苗的生长发育而逐渐加深水层，并最终保持在 15～20 厘米。在长期淹水的情况下，头季稻根系发育受阻，至灌浆成熟期遇到刮大风和强降雨时很容易倒伏。因此，必须坚持露晒田，以强根壮秆。头季稻宜进行 2 次露晒田。第一次是在插秧之后 15～20 天，第二次是在头季稻齐穗后 15～20 天施完促芽肥之后，使根系能充分接触到空气中的氧气，刺激新根（白根）的生长发育，只有头季稻保持强大的根系，再生稻产量才有保证。可在露晒田之前将鱼群赶入鱼坑，然后排干田水进行露晒田。②不能断水过早。头季稻收割时稻田要保持浅水层，再生稻才能出苗。因此，头季稻成熟期一定不能断水过早。尤其需要注意的是具有"二次灌浆"特性的两系杂交稻，如断水过早还会影响其"二次灌浆"而导致减产。

科学施肥，即适时适量施好促芽肥和促苗肥。种稻养鱼田在头季稻施基肥时，已施用大量的农家肥（猪牛栏粪、沼渣和沼液等）和一定数量的生物有机肥，加上鱼粪肥田，收割后的稻田仍有较多的残余养分。

5. 病虫害防治

主要做好稻飞虱、卷叶虫、稻瘟病、纹枯病等病虫害的防治。头季稻的生长季节往往与早稻同期或介于早稻和中稻之间。如介于早稻和中稻之间，则这样的稻田在客观上就成了病虫的桥梁田。因此，应加强病虫测报，实行低指标早防，将危害率降低到最低，特别是加强对稻飞虱的防治，以保持稻桩活力，提高再生苗的出苗率和出苗整齐度。当头季稻苗数达到 20 万～22 万苗/亩时即进行露晒田，以控制无效分蘖，增强稻株的抗病能力；抽穗灌浆期重点防治穗颈瘟、纹枯病和稻飞虱；再生稻封行时应重点防治稻飞虱和稻蝽象，以提高再生稻的单产。为了确保农产品品质，病虫害防治应以生物防治和物理防治为主。

6. 适时化控防倒伏

于拔节前 7 天，每亩喷施 5% 立丰灵（调环酸钙化合物） 60 克，以抑制基部节间伸长，亦可增强头季稻茎秆抗倒伏能力。

7. 适熟收割头季稻，适高留桩

试验示范结果表明，在头季稻 85%～90% 成熟时收割有利于再生芽萌发且出苗整齐度高。在稻鱼共生系统田间保持 15～20 厘米水深的情况下，主茬基部多数节位的潜伏芽不能萌发生长，只有 1～2 个高位节位能够发芽，主茬母茎产生再生苗的能力是基本恒定的，即每个母茎平均 1.1～1.5 个再生蘖，所以前茬收获时留茬的高度和留下多少有效穗的茎数对再生茬的产量有很大的影响。再生稻单产以自倒 3 节和倒 4 节处留茬的产量较高。综合来看，头季稻适宜留桩高度为27～33 厘米，这样即可完全留下倒 2 节腋芽，对再生稻高产极为有利。这是由于稻株腋芽自上而下萌发，高节位腋芽具生长优势，是构成再生稻有效穗的主体部分，故应遵循"留 2（倒 2 节），保 3（倒 3 节），争 4、5（倒 4 节、倒 5 节），再加 5～6 厘米的保护段"的原则进行适高留稻桩。

8. 适时收割

再生稻成熟不一致，应在 80% 以上的谷粒成熟时收割。

第五章

稻小龙虾综合种养

第一节　关键要素

一、环境条件

稻田是小龙虾栖息、生长、繁殖的场所，稻田环境条件的好坏和小龙虾的生存、生长、繁殖关系十分密切，良好的环境条件是稻田养殖小龙虾获得高产、优质、高效的关键。在养殖小龙虾的稻田选择上，要综合考虑地形、土质、水源、水质、交通、生产管理等多方面因素，因此，在开展生产前需要事先勘察、详细规划。

（一）地形

稻田养殖小龙虾，地势以平坦、少有落差的平原湖区稻田为宜。对于地势不太平坦的地区，在规划设计养殖区时，要充分勘察养殖区的地形，根据地形规划水利设施，有条件的地方可考虑充分利用地形落差自然进排水，以节约动力提水的电力成本，同时还需考虑干旱、洪涝等自然灾害，对连片稻田的进排水渠道做到进排水分离。山区梯田原则上不宜养殖小龙虾，以免因水土流失造成生态风险。

（二）土质

稻田的土质对水位、水质影响很大，要充分调查了解当地稻田的土质情况。良好的土壤保水、保肥能力，既有利于浮游生物的培育和增殖，又有利于水稻和水草的种植，能减少生产成本、提高养殖效益。综合考虑肥水、小龙虾挖洞穴居的生物学特性、种植水草和水稻等多方面因素，养殖小龙虾的稻田土质以壤土为好，黏土次之，沙土不宜。

（三）水源

由于稻田内有小龙虾，养殖小龙虾的稻田用水量明显超过普通稻田，这就决定了稻田养殖小龙虾必须保证充足的水源供应。江、河、湖泊、水库、地下水等均可作为水源，养殖小龙虾的稻田应选择在有不断流的灌溉渠、小河旁；或在稻田边配备机井，抽水补充。供水量一般要求 10 天左右能够把稻田注满且能循环用水一遍。

(四) 水质

不管是地面水源还是地下水源，要确保水源的水量充沛，水质清新、良好，符合淡水养殖用水水质标准；水源供应充足，满足水稻生长、小龙虾养殖用水需要；农田水利工程设施配套，进排水方便，确保旱季水少时不断流、雨季水多时不漫田。

二、田间工程

(一) 稻田选择

选择的稻田要求有完备的农田水利工程配套，通水、通路、通电，稻田四周没有高大的树木或竹林遮挡。稻田田面平整，面积大小适宜。单块稻田面积太小，增加管理成本；太大，又不利于生产管理。选作小龙虾养殖的稻田可根据本地高标准农田建设因地而建，如四川、重庆地区一般单块面积以 5～20 亩为宜；长江流域、黄河灌区及平原地区则以 30～50 亩为一个单元，便于人工管理，能达到一定规模的连片稻田更好。生产单元平面图见图 5-1，生产单元剖面图见图 5-2。

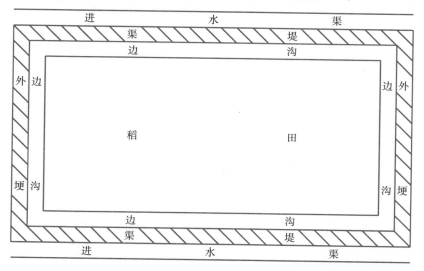

图 5-1 生产单元平面图

图 5-2　生产单元剖面图

稻田的选址还需要考虑虾、饲料、生产材料等的运输便利。稻田位置太偏僻且交通不便，不仅不利于种养户生产管理，还会影响商品虾的销售，所以养殖小龙虾的稻田一定要选择在交通便利或者通过道路改造可以创造便利条件的区域。

（二）挖沟

距离稻田外埂内侧 1～2 米处开挖边沟（保留 1～2 米宽的平台作为小龙虾觅食区），边沟结合稻田形状和大小，可挖成环形、U 形、L 形、I 形等形状。沟深 0.8～1.5 米，宽 2～4 米，坡比 1：1 左右，边沟面积不超过稻田总面积的 10%。在交通便利的一侧留宽 4 米左右的机械作业通道。

（三）筑埂

利用开挖边沟的泥土加宽、加高外埂。外埂加高加宽时，宜逐层打紧夯实，要求堤埂不裂、不垮、不渗漏。改造后的外埂，宜高出田面 0.8～1.0 米，使稻田最高水位能达到 0.5～0.6 米。埂面宽不少于 1.5 米，坡比以 1：（1～1.5）为宜。田埂上可以种植其他农作物来提高土地利用率，增加经济效益。

采用免耕抛秧技术的稻田，可以不修筑内埂。采用机插秧或手插秧的稻田，可在靠近边沟的田面筑好一圈高 0.2～0.3 米、宽 0.3～0.5 米的内埂，将田面和边沟分隔开。内埂与边沟之间最好留间隔 0.1～0.3 米。内埂高度不能过高，要便于小龙虾的爬行和水稻管理，还要考虑到土壤的坚实度。

（四）防逃、防盗设施

为避免小龙虾被盗和外逃以及陆生、两栖类天敌入侵，必须在稻田周边构建防盗网和防逃网。一般防逃网在内，防盗网在外。防盗网与防逃网之间最好保持一定的距离。关键区域还应安装监控设施。

防盗网：在稻田四周用铁丝网或金属围栏构建防盗网。

防逃网：用水泥瓦、厚塑料薄膜或钙塑板沿外埂四周围成封闭防逃网，防逃网埋入地下 0.1～0.2 米，高出地面 0.4～0.5 米，四角转弯处呈弧形。防逃网既不能太高，以免刮大风时被撕开；也不能太矮，以免小龙虾翻越逃跑。

（五）进排水设施

具备相对独立的进排水设施。进水口建在田埂上，比田面高 0.5 米左右；排水口建在边沟最低处。进水口和排水口呈对角设置且均安装双层防逃网，防止敌害生物随水流进入。防逃网宜用孔径 0.25 毫米（60 目）的网片做成长 1.5 米、直径 0.3 米的长型网袋。

（六）水草种植

俗话说"虾多少，看水草；虾大小，看水草"。水草为小龙虾栖息、蜕壳、躲避敌害提供良好的场所，制造氧气，吸肥控藻，净化水质，吸附水体中悬浮有机质，改善底质；高温期间，水草可起到遮阳降温，避免水温升温过快引起小龙虾应激反应；水草还是小龙虾优质的青饲料，为其补充维生素及微量元素。总之，水草种植是决定小龙虾养殖成败的关键因素，4 月初前后放虾苗时水草覆盖面要求达到 40％～50％。

1. 水草种类

主要是伊乐藻、水花生和水蕹菜三种。一般田面上种植伊乐藻，边沟里种植伊乐藻或移栽水花生，埂边种植水蕹菜。

2. 伊乐藻的种植

伊乐藻原产于美洲，是一种速生、高产的沉水植物。稻田内种植伊乐藻能为小龙虾提供栖息、隐蔽和蜕壳的好场所，有助于小龙虾蜕壳、避敌和保持较好的体色。长江流域 4—5 月和 10—11 月的水温最适合伊乐藻快速生长。伊乐藻的优点是 5℃ 以上即可生长，植株鲜嫩，叶片柔软，适口性好，再生能力强；其缺点是不耐高温，当水温达到 30℃ 时，基本停止生长，也容易臭水，因此覆盖率不宜过大。

（1）种植前准备

①清整边沟。排干边沟内的水，每亩用生石灰 50～75 千克化水泼洒，清除野杂生物，杀灭病菌，并让池底充分曝晒一段时间，同时做好稻田的清整工作。

②旋耕土壤。用旋耕机对稻田的田面进行局部条带状翻耕 1 次，疏松土壤，利于伊乐藻栽插和生长。建议从距离内埂 6 米左右开始，用旋耕机翻耕 2～4 米，然后间隔 6～8 米再翻耕 2～4 米。

③施肥。旋耕土壤时，可以每亩施适量的生物有机肥或发酵腐熟的粪肥300～500千克，作为种植伊乐藻的基肥。种植前5～7天，注入新水10～20厘米，进水口用60目筛绢进行过滤。待水草扎根后，再根据水的肥瘦情况，适当补充促进水草生长的肥料。

（2）种植时间 根据伊乐藻在水温5～30℃时都能正常生长的特点，结合小龙虾生产对水草的实际需要，种植时间宜在11月至第二年2月中旬。

（3）种植方法 种植原则为分批次、先深后浅；边沟密植、田面稀植；小段横植、平铺盖泥。一般分2次移栽，先栽边沟，待边沟内伊乐藻成活后再加水淹没田面，在田面上栽种伊乐藻。边沟中伊乐藻呈条状种植，一般只种一行。田面上水后将伊乐藻种在翻耕区。伊乐藻的栽培方法主要有4种：

①小段横植法。用15～20根长15～50厘米（根据实际情况可以适当调整数量和长度）的小段伊乐藻按照株距1～2米横向平铺于田面或沟底，中间盖上适量的稀泥，既可使水草更多地与泥土接触，促进水草生根，而且同时保障了水草对营养和光照的需求，避免了栽插法和堆草栽种法的易烂根、烂草以及成活时间长等缺陷。

②堆草栽种法。将伊乐藻堆成20厘米左右一团，每隔4～6米，移栽一团，种时就近用稀泥盖在草窝子中间。

③撒播法。首先将伊乐藻的茎干切割成长10～15厘米的播穗，在田面水抽干后，立即进行撒播；随后用笤帚轻拍伊乐藻播穗，使其浅埋于泥浆中，经过10～20小时沉淀，泥浆基本凝固后，向稻田注入深5厘米左右的浅水即可。撒播时，千万不可整田均匀撒播，要呈条带状撒播，要求条带宽度控制在30厘米以下，条带之间的间距为6～8米；条带中的播穗要尽可能分布均匀，不可堆积在一起。

④栽插法。首先将伊乐藻茎干切成长10～15厘米的插穗，然后将插穗3～5根为一束插入泥中；栽插深度在2～3厘米；可采用单行或双行栽插，单行栽插时，株距控制在10～15厘米，行距控制在6～8米；采用双行栽插法时，株距控制在10～15厘米，小行距控制在20～25厘米，大行距控制在6～8米。栽插时，田面水深度控制在5～10厘米。

3. 水花生的种植

水花生又称空心莲子草、喜旱莲子草，因其叶与花生叶相似而得名。水花生是水生或湿生的多年生宿根性草本挺水植物，原产于南美洲，在我国长江流域各省的水沟、水塘、湖泊中广泛分布。水花生茎长可达 1.5～2.5 米，其基部在水中匍生蔓延。其适应性极强，喜湿耐寒，抗寒能力超过空心菜等水生植物，能在秋末形成冬芽自然越冬，气温上升至 10℃ 时即可萌芽生长，最适生长气温为 22～32℃。在 5℃ 以下时其水上部分枯萎，但水下茎并不萎缩。水花生可为小龙虾提供蜕壳、隐蔽场所，其根须是小龙虾的优质饵料。

（1）种植时间　一般在水温达到 10℃ 以上时向稻田边沟内移植，2—7 月均可移植。

（2）种植方法　水花生的栽培方法主要有 4 种：

①固定种植法。在边沟斜坡处成簇种植在土里，约每 8 米栽一大簇，用竹竿与水花生下部绑定，将竹竿插入水底，使水花生底部在沟底生根，并防止水花生呈毯状漂浮。

②挖穴种植法。在边沟斜坡或底部挖穴，每隔 2 米种植 1 行，每株间距 0.5 米左右，每穴种水花生 0.5 千克左右，种好后用泥盖好。

③拉绳种植法。选择生长健壮、每节有 1～2 个嫩芽和须根的植株作种，切成 70～90 厘米的长茎段，3～5 根为一束系在固定于水面的绳上即可。夹好植株后，调整绳的高度，使植株嫩芽露出水面。

④围圈种植法。用竹、木等材料做成围圈并进行固定，将水花生散养在围圈内，由于根不固定，可随时捞出，管理方便。

4. 水蕹菜的种植

水蕹菜为旋花科一年生水生植物，又称空心菜，属水陆两生植物。水蕹菜的根是小龙虾非常喜欢吃的食物。

（1）种植时间　一般在 4 月初用播种的方法进行种植。

（2）种植方法　4 月初，在田埂上种植水蕹菜，每隔 5 米种 1 棵，定期施肥促进水蕹菜生长，使其植株延伸至水面，可作为浮水植物，高温期间可为边沟遮阳降温。

（七）田埂种植绿肥

通过在外埂埂面上种植豆科冬季绿肥作物，主要是箭舌豌豆、光叶紫花苕子等，并分期分批收割鲜草饲喂小龙虾，使小龙虾生产快、品质好、品相佳，能替代 25% 左右的饲料，同时有效提高了土地利用率，还能够起到固土护埂和培肥稻田土壤的作用。

1. 外埂埂面上种植豆科绿肥作物

9月下旬至10月下旬，埂面土壤条件较好时可直接播种；若土壤板结较严重，可用小型机械旋耕，然后播种豆科冬季绿肥作物。品种采用光叶紫花苕子或箭舌豌豆；采取撒播方式；光叶紫花苕子播种量为3～4千克/亩，箭舌豌豆播种量为4～5千克/亩，一般不需要采用其他管理措施。

2. 绿肥鲜草饲喂小龙虾

从3月中旬开始，收割绿肥青草投入养殖水域，按养殖水域面积来算，每次每亩投入鲜草20～30千克，每3～5天投喂一次，可以持续到4月底或5月初。在投喂绿肥青草期间，减少饲料用量20%～30%。

三、水稻种植

（一）水稻品种选择

养虾稻田一般只种一季中稻，因为早稻不利于虾苗生长和捕获，晚稻不利于灌水育苗。一般水稻栽插时间：6月5日至6月15日；收割时间：9月15日至10月20日。

水稻品种选择应重点考虑以下因素：一是耐淹。水稻株高应高一点。二是抗倒伏。在不搁田或轻搁田且长期高水位环境条件下，能够正常生长、不倒伏。三是抗病虫。对水稻主要病虫害具有良好的抗性，在不用或少用化学和农药的情况下，水稻产量不受严重影响。四是早熟。一般水稻全生育期在120～150天，即在国庆节前后完成收割，确保新米早上市。同时，水稻尽早收割后能及时复水繁育或养殖小龙虾。五是品质优或有特色。品质优，如达到优质食味品级大米等；有特色，如降糖米、黑米等。2018年湖北省虾稻模式高档优质稻推介品种为鄂香2号、福稻88、玉针香、华润2号、香润1号、鄂丰丝苗等6个品种。

（二）田面整理

5月底至6月初开始整田，整田的标准符合机械插秧或人工插秧的要求，具体要求是：上软下松，泥烂适中；高低不过寸，寸水不露泥，灌水棵棵到，排水处处干。

稻田整理时，如果田间还存有大量小龙虾，为保证小龙虾不受影响，可以采用免耕抛秧技术，也就是在水稻移植前稻田不经任何翻耕犁耙。

水稻免耕抛秧是指在收获上一季作物后未经任何翻耕犁耙的稻田，先使用除草剂灭除杂草植株和落粒谷幼苗，摧枯稻桩或绿肥作物后，灌水并施肥沤田，待水层自然落干或排浅水后，将塑盘秧抛栽到大田中的一项新的水稻耕作栽培技术。该技术具有省工节本、简便易行、提高劳动生产率、减少水土流失、保护土壤、保护生态平衡和增加经济效益等优点。

（三）施足基肥

对于第一年养虾的稻田，可以在插秧前的 10～15 天，亩施用农家肥 200～300 千克，尿素 10～15 千克，均匀撒在田面并用机器翻耕耙匀。

对于养虾一年以上的稻田，随着稻虾种养模式年限延长，一般逐步下调氮肥用量。稻虾种养前 5 年，每年施氮量相对上一年度下降约 10%；稻虾种养 5 年及以上的稻田，中籼稻施氮量稳定维持在常规单作施氮量的 40%～50%。氮肥按 4：3：3（即基肥 40%，返青分蘖肥 30%，穗肥 30%）的比例施用；钾肥按 6：4（即基肥 60%，穗肥 40%）的比例施用。硅肥（SiO_2）施用量为 1 千克/亩左右，锌肥（Zn）施用量为 0.1 千克/亩左右，全部作基肥。

（四）秧苗移植

6 月中旬前完成栽插，可机械插秧或人工插秧。栽插时，采取浅水栽插、条栽与边行密植相结合的方法。移植密度以 30 厘米×15 厘米为宜，以确保小龙虾生活环境通风透气性能好。整个稻田水稻栽插密度达到 1.2 万～1.4 万穴/亩，每穴秧苗 2～3 株结合边行密植。

（五）稻田管理

田间管理主要是水稻晒田、施肥、用药、防逃、防敌害等工作。

1. 水位控制

虾稻连作模式中，水稻种植期的水分管理情况同单种水稻基本相同；虾稻共作模式中，水稻种植期的水分管理情况见表 5-1。

表 5-1　虾稻共作模式水稻种植期的水分管理情况

时期	水位
整田至 7 月	高于田面 5 厘米左右
7—9 月	高于田面 20 厘米左右

（续）

时期	水位
晒田期	低于田面 30 厘米左右
水稻收割前 7 天至水稻收割	低于田面 20～30 厘米

2. 合理施肥

稻田基肥应以施腐熟的有机农家肥为主，在插秧前一次施入耕作内层，达到肥力持久长效的目的。为促进水稻稳定生长，保持中期不脱力，后期不早衰，群体易控制，在发现水稻脱肥时，还应进行追肥。追肥一般每月一次，可根据水稻的生长期及生长情况施用人、畜粪堆制的有机肥，也可以施用既能促进水稻生长，降低水稻病虫害，又不会对小龙虾产生有害影响的生物复合肥。生物复合肥的施肥方法是：先排浅田水，让虾集中到边沟中再施肥 10 千克/亩，这样有助于肥料迅速沉淀于底泥并被田泥和秧苗吸收，随即加深田水至正常深度；也可采取少量多次、分片撒肥或根外施肥的方法。严禁使用对小龙虾有害的化肥，如氨水和碳酸氢铵等。

3. 科学晒田

晒田时应根据不同栽期、土壤类型、水源条件、田间苗情，按"苗够不等时、时到不等苗"的原则适时晒田（一般水稻移栽后 25～30天）。在水稻分蘖末期，早插秧的田块分蘖株数达到预期茎蘖数的 80%时，就可以晒田了；需要按田块、长势等条件来决定晒田时间，不能一概而论。

晒田应按照看田、看苗、看天气的原则来确定晒田程度，以"下田不陷脚，田间起裂缝，白根地面翻，叶色褪淡，叶片挺直"为晒田标准。茎数足、叶色浓、长势旺盛的稻田要早晒田、重晒田；反之，应迟晒田和轻晒田。禾苗长势一般，茎数不足、叶片色泽不十分浓绿的，采取中晒、轻晒或不晒。肥田、低洼田、冷浸田宜重晒；反之，瘦田、高岗田应轻晒。碱性重的田可轻晒或不晒。土壤渗漏能力强的稻田，采取间歇灌溉方式，一般不必晒田。稻草还田，施入大量有机肥，发生强烈还原作用的稻田必须晒田。晴天气温高、蒸发和蒸腾量大，晒田时间宜短；阴雨天气要早晒，时间要长些。

晒田要求排灌迅速，既能晒得彻底，又能灌得及时。但要注意，若晒田期间遇到连续降雨，应疏通排水，及时将雨水排出，防止积水。田晒好后，应及时恢复原水位，尽可能不要晒得太久，避免边沟小龙虾因长时间密度过大而产生不利影响。建议长江中下游地区虾稻共作模式采取两次轻晒，每次晒田时间 3～5 天，轻晒至田块中间不陷脚即可。第一次晒田后复水至 3～5 厘米深，5 天后即可进行第二次晒田。晒田时边沟中水位低于田面 30 厘米左右。

4. 病虫害防治

坚持"预防为主、综合防治"的原则，优先采用物理防治和生物防治，配合使用化学防治。小龙虾对许多农药都很敏感，稻虾种养的原则是能不用药时坚决不用，需要用药时则选用高效、低毒、低残留的农药和生物制剂，不得使用有机磷、菊酯类高毒、高残留的杀虫剂和对小龙虾有毒的氰氟草酯、噁草酮等除草剂。

对于没有内埂的稻田，施农药时尤其要注意严格把握农药安全使用浓度，确保小龙虾的安全，并要求喷药于水稻叶面，尽量不喷入水中，而且最好分区用药。分区用药的方法：将稻田分成若干个小区，每天轮换用药，在对稻田的一个小区用药时，小龙虾可自行进入另一个小区，避免对小龙虾造成伤害。喷雾水剂应在晴天下午使用，因稻叶下午干燥，大部分药液吸附在水稻上。另外，施药前田间加水至 20 厘米，喷药后及时换水。对于有内埂的稻田，只需要降低水位让小龙虾进入边沟即可施农药。

（1）物理防治　每 30～50 亩安装一盏杀虫灯诱杀成虫。

（2）生物防治　利用和保护好害虫天敌，使用性诱剂诱杀成虫，使用杀螟杆菌及生物农药 Bt 粉剂防治螟虫。

（3）化学防治　重点防治稻蓟马、螟虫、稻飞虱、稻纵卷叶螟等害虫。

稻田病虫害防治安全用药参考表 5-2。

表 5-2　稻田主要病虫害防治措施

病虫害	防治时期	防治药剂及用量	用药方法
稻蓟马	秧田卷叶株率 15%，百株虫量 200 头，大田卷叶株率 30%，百株虫量 300 头	吡蚜酮 4 克/亩	喷雾

（续）

病虫害	防治时期	防治药剂及用量	用药方法
稻飞虱	卵孵高峰至1～2龄若虫期	噻嗪酮7.5～12.5克/亩；吡蚜酮4～5克/亩；噻虫嗪0.4～0.8克/亩	喷雾
稻纵卷叶螟	卵孵盛期至2龄幼虫前	氯虫苯甲酰胺2克/亩；苏云金杆菌250～300克/亩	喷雾
二化螟、三化螟、大螟	卵孵高峰期	氯虫苯甲酰胺2克/亩；苏云金杆菌250～300克/亩	喷雾
秧苗立枯病	秧苗2～3叶期	咯菌腈5～6克/亩；敌克松60～65克/亩	喷雾
纹枯病	发病初期	井冈霉素10～12.5毫升/亩；丙环唑7.5毫升/亩；嘧菌酯-戊唑醇7.5克/亩	喷雾
稻曲病	破口前3～5天	戊唑醇8毫升/亩；嘧菌酯-戊唑醇7.5克/亩	喷雾

5. 防逃

每天巡田时检查进出水口过滤网是否牢固，防逃设施是否损坏。汛期防止洪水漫田，发生逃虾事故。巡田时还要检查田埂是否有漏洞，防止漏水和逃虾。

6. 防敌害

小龙虾的敌害较多，如蛙、水蛇、泥鳅、黄鳝、肉食性鱼类、水鼠及一些水鸟等，除放养前彻底用药物清除外，进水口还要安装60目纱网用于过滤。平时要注意清除田内敌害生物，有条件的可在田边设置一些彩条、稻草人或超声波驱鸟器，恐吓、驱赶水鸟。

（六）收割与秸秆还田

用于繁育小龙虾苗种的稻田在10月上旬前后进行水稻收割，留茬40厘米左右并将田面散落的稻草集中堆成小草堆；其他稻田的水稻正常收割。

1. 稻虾共作模式

一般在6月秧苗活棵后放养幼虾，8—9月将养成的小龙虾起捕上市。

收割时间：10月收割水稻。水稻收割后可种植油菜或小麦等，或再养一茬小龙虾至第二年4月上市；再进行下一轮的稻虾共作。这种模式的优点是极大地提高了稻田的利用率，提高了稻田产出量。

2. 稻虾连作模式

在稻谷收割后的 8 月下旬将种虾直接投放在稻田内，让其自行繁殖，不需另外投放苗种，将小龙虾养殖至第二年的 5—6 月起捕上市；单独选择秧苗培育田块，5 月 10 日开始育秧苗；6 月 15 日至 6 月 20 日插秧。

收割时间：水稻 9 月中下旬成熟，及时收割，进行下一轮稻虾连作。这种模式的优点是水稻和小龙虾主要生长期在时间和空间上不重叠，水稻和小龙虾的生产管理较少发生矛盾。

3. 收割方式

提倡机械化操作，收割机从 U 形沟的开口处（田块与田埂相连）开入稻田中。在稻谷成熟 90% 时要及时用收割机进行收割，稻桩保留高度在 40～50 厘米，秸秆全部还田作小龙虾饵料。水稻收获后及时上水，以促进小龙虾出洞繁苗。

四、水产品养殖

（一）苗种/亲本来源

优先选择本地具有水产苗种生产经营许可证的企业生产的苗种，并经检疫合格。

（二）苗种/亲本放养模式

放养模式有两种：一种是投放幼虾模式，一种是投放亲虾模式。

1. 幼虾投放

（1）幼虾质量　幼虾质量宜符合以下要求：①规格整齐；②体色为青褐色最佳，淡红色次之；③附肢齐全、体表光滑；④反应敏捷，活动能力强。

（2）规格及投放量　虾稻连作模式只投放一批幼虾，虾稻共作模式一般投放两次幼虾。投放第一批幼虾时，规格 3～4 厘米的幼虾投放量宜为 6 000～8 000 只/亩；规格 4～5 厘米的幼虾，投放量宜为 5 000～6 000 只/亩。投放第二批幼虾时，规格 5 厘米左右的幼虾投放量宜为 2 000～4 000 只/亩。

（3）投放时间　宜在 3 月中旬至 4 月中旬投放第一批幼虾；虾稻共作模式在秧苗返青后，根据稻田存留幼虾情况，补充投放第二批幼虾。

2. 亲虾投放

（1）亲虾质量　亲虾质量宜符合以下要求：①附肢齐全、无损伤，

体格健壮、活动能力强；②体色暗红或深红色，有光泽，体表光滑无附着物；③规格不小于35克/只；④雌、雄亲虾来自不同养殖场所。

（2）投放量　以生产苗种为主的稻田，投放量以15～30千克/亩为宜；以生产成虾为主的稻田，投放量以5～10千克/亩为宜。

（3）投放时间　宜在8—9月投放。

（三）苗种/亲本运输与放养方法

目前普遍采用干法运输小龙虾，幼虾、亲虾的供应也多以短途运输为主。半小时左右的运输时间一般不会造成明显损耗。1～2小时的运输需要适当注意，装虾的工具应当使用可透水的塑料框，并在框内设置密眼无节网片将虾体与塑料框隔开以减少擦伤，也可以每筐上面放一层水草，每半小时喷水一次保持虾体湿润；小龙虾堆叠的高度不宜超过15厘米。超过2小时的运输距离，小龙虾堆叠高度应控制在10厘米以内，喷水时宜添加抗应激物质，有条件的可在小龙虾上下两层覆盖少量水草帮助保湿。气温高使用空调车运输的，要注意温度的变化，防止小龙虾放养时体温与水温差距过大而产生应激反应造成大量损耗；气温高时，要尽量在07：00点前下塘。

在幼虾、亲虾放养前1小时在稻田内泼洒优质的抗应激产品以提高放养成活率。如运输时间较长，放养前需进行如下操作：先将小龙虾在稻田水中浸泡1分钟左右，提起搁置2～3分钟，再浸泡1分钟，再搁置2～3分钟，如此反复3次，让小龙虾体表和鳃腔吸足水分；再将小龙虾分开轻放到浅水区或水草较多的地方，让其自行进入水中。一次投放幼虾、亲虾较多时不必进行上述操作，可以直接用边沟内的水泼洒或冲淋小龙虾，然后直接放到浅水区或水草较多的地方，避免耽误投放时间导致成活率过低。另外，谨慎采用食盐水或聚维酮碘溶液等药物浸泡幼虾、亲虾。

小龙虾在放养时，要注意虾苗的质量，同一田块放养规格要尽可能整齐，一次放足。

（四）饲料投喂

1. 饲料种类

饲料种类包括植物性饲料、动物性饲料和小龙虾专用配合饲料。提倡使用小龙虾专用配合饲料，配合饲料应符合《饲料卫生标准》和《无公害食品　渔用配合饲料安全限量》的要求。

2. 投喂方法

饲料宜早晚投喂，以傍晚为主。饲料投喂时宜均匀投在无草区，日投饵量为稻田内虾总重的 2%～6%，以 2 小时吃完为宜，具体投喂量根据天气和虾的摄食情况进行调整。阴天和气压低的天气应减少投喂，超过 2 小时未吃完也应减少投饵量。

10 月至第二年 4 月苗种培育期间，应定期肥水培育天然饵料生物供小龙虾摄食。稻田内天然饵料不足时，可适量补充绞碎的螺蚌肉、屠宰场的下脚料等动物性饵料，或用小龙虾苗种专用配合饲料投喂。除了水面结冰的天气，其他天气只要水中有小龙虾，建议坚持投喂。具体投饵量同样应根据天气和小龙虾的摄食情况调整。

（五）养殖管理

1. 水位控制

小龙虾养殖期间的水位控制情况见表 5-3。用于苗种培育的稻田在霜冻天气，除非水位下降超过 20 厘米，否则不要加水，更不要换水。必须加水时也要尽可能在晴朗天气、水温相对较高时加水。

表 5-3 小龙虾养殖期的水位控制情况

时期	水位
1—2 月	高于田面 50 厘米左右
3 月	高于田面 30 厘米左右
4 月	高于田面 40 厘米左右
5 月至整田前	高于田面 50 厘米左右
整田至水稻收割	见表 4-1
水稻收割后至 11 月	高于田面 30 厘米左右
11—12 月	高于田面 40～50 厘米

2. 水质调节

（1）苗种培育稻田　10 月至第二年 3 月为苗种繁育期，宜施发酵腐熟的有机肥，施用量为 100～150 千克/亩，再结合补肥、使用微生态制剂、加水、换水等措施使整个养殖期间水体透明度控制在 25～35 厘米。稻田肥水的特点在于通过补菌、补藻可以把稻秆、稻茬腐烂沤出的有机肥合理应用，变废为宝。所以稻田肥水要考虑多补菌（产纤维素酶的有益菌，如产酶芽孢杆菌等）、补藻（低温生长良好的藻类），通过提

肥的方式，把稻田已有的肥力利用起来，达到肥水目的。

（2）小龙虾养殖稻田　小龙虾养殖期间，根据水色、天气和小龙虾的活动情况，适时使用微生态制剂、加水、换水等方法调节水质，使水体透明度始终在35～45厘米。

3. 水草管理

水稻种植之前，水草面积控制在田面面积的30％～50％，水草过多时及时割除，水草不足时及时补充。经常检查水草生长情况，水草根部发黄或白根较少时及时施肥。在水草虫害高发季节，每天检查水草有无异常，发现虫害，及时进行处理。

（1）伊乐藻　伊乐藻栽种后5～10天就能生出新根和嫩芽，到3月就能形成优势种群。平时可按照逐渐增加水位的方法加深田面水位，根据稻田的肥力情况适量追施肥料以保持伊乐藻的生长优势。根据伊乐藻露出水面后，很快就会折断而死亡、破坏水质的特性，应及时刈割，增强通风透光，促进水体流动，增加池水溶氧量，加快水草根系生长。刈割方式主要有两种：一是呈"十"字状刈割，适合面积较小的稻田；二是呈"井"字状刈割，有的连根拔起，适合面积较大的稻田。在割除顶端茎叶时应注意两个方面：一是4月中旬至5月底间，一般割2次，每次割至半水。二是刈割时不能全池一次割，须由两边向中央分次割，第一次割后须待水清后再割第二次，这样有利于伊乐藻的光合作用与生长。

（2）水花生　对于浮于边沟水面的水花生断枝，要及时清理，避免腐烂败坏水质。

（3）水蕹菜　当水蕹菜生长过密或滋生病虫害时，要及时割去茎叶，让其再生，以免对养殖造成影响。

4. 巡田

每日早晚巡田，观察稻田的水质变化以及虾的摄食、蜕壳生长、活动、有无病害等情况，及时调整投饲量；定期检查、维修防逃设施，发现问题及时处理。

5. 水稻收割后上水

收割水稻时间一般在10月上旬前后。对于繁育小龙虾苗种的稻田，水稻收割建议稻茬留40～50厘米，不建议立刻上水，稻秆未晒干直接上水的，3～4天水就开始发红、发黑、发臭。所以稻秆建议晒7～10

天，然后每 10～15 米耙成一堆，以免上水后稻秆集中腐烂导致水很快发红、发黑、发臭，同时缓慢地释放肥力。内埂比较高的，有条件的田面先加水 10 厘米，然后按 30～40 千克/亩均匀撒生石灰。用于杀灭青苔孢子、软化稻秆促进腐化。上述工作做好后，抽检洞中抱卵虾的情况，如大部分已经抱卵，及时上水，直到淹没内埂。

（六）病害防控

小龙虾养殖过程中，常见病害有白斑病毒病、甲壳溃烂病、弧菌病、纤毛虫病、黑鳃病、烂鳃病、烂尾病、细菌性肠炎病和聚缩虫病等。

1. 白斑病毒病

（1）病原体　白斑病毒病又称白斑综合征，其病原体是白斑病毒（WSSV）。

（2）主要症状　发病水温一般为 20～26℃，在 4 月下旬到 6 月上旬多发，首先危害成虾，后期也能感染幼虾。发病初期没有特别明显的症状，只是摄食减少。后期会出现螯足无力、反应迟缓、体色灰暗等症状，部分病虾头胸甲处有黄白色斑点（图 5-3）；解剖可见肝胰腺肿大、颜色变深、胃肠道无食物，部分病虾有黑鳃、尾部肌肉发红或者呈现白浊样症状。

图 5-3　病虾头胸甲处有黄白色斑点

（3）防控方法

①调整养殖模式，如采取养殖早苗、早虾等错峰上市的养殖模式，在白斑病毒病高峰期之前完成捕捞上市。

②改善养殖环境，降低养殖密度。

③在饲料中添加β-葡聚糖、壳聚糖、维生素等免疫促进剂或大黄、鱼腥草、板蓝根等中药，4月中下旬开始每15天可以连续投喂4～6天。

④聚维酮碘或四烷基季铵盐络合碘0.3～0.5毫克/升，每10天全池泼洒一次，可交替使用。

⑤二氧化氯0.2～0.5毫克/升全池泼洒。

2. 甲壳溃烂病

（1）病原体　病原体为能分解几丁质的细菌。

（2）主要症状　感染初期虾壳局部出现颜色较深的斑点，斑点呈灰白色，然后斑点边缘溃烂，出现空洞，严重时，出现较大或较多空洞导致病虾内部感染，甚至死亡。主要流行期为5—8月，所有小龙虾都可能感染。

（3）防控方法

①运输和投放虾苗、虾种时，要仔细轻巧，尽量不要堆压和损伤虾体。

②饲养期间饲料要投足、投匀，防止小龙虾因饵料不足而自相残杀。

③控制种苗放养密度，防止争斗。

④种好水草，为小龙虾提供足够的隐蔽场所。

⑤发生此病，每立方米水体用15～20克的茶粕浸泡液全池泼洒。

⑥每亩用5～6千克的生石灰全池泼洒，可以起到较好的治疗效果。

⑦每立方米水体用0.3克二氧化氯全池泼洒，可以起到较好的治疗效果。

3. 弧菌病

（1）病原体　该病的病原体往往不是一种弧菌，而是多种弧菌。

（2）主要症状　病虾活力低，空肠空胃，肝胰腺坏死，断须、断爪，尾部有水泡（图5-4）或烂尾现象。一般流行在5月，死亡率高达80%以上，已经养过小龙虾的水体发病的概率比较高。

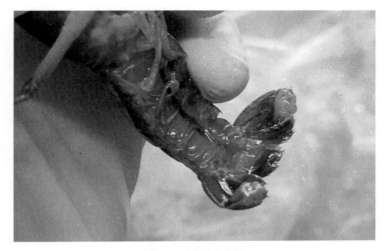

图 5-4　尾部有水泡

（3）防控方法

①定期使用过硫酸氢钾复合盐改良底质，抑制病菌滋生。

②定期泼洒 EM 菌，提高水体中有益菌的数量。

③合理控制小龙虾养殖密度。

④出现弧菌病症状，立即泼洒聚维酮碘 0.3～0.5 毫克/升杀灭弧菌。

4. 纤毛虫病

（1）病原体　该病的病原体是纤毛虫。

（2）主要症状　纤毛虫附着在成虾、幼虾、幼体和受精卵的体表、附肢、鳃等部位，形成淡黄色棉絮状物或黄绿色绒毛（图 5-5）。病虾行动迟缓、头胸甲发黑、体表多黏液，全身沾满泥脏物。病虾大多不能顺利蜕壳且多在早晨浮于水面。该病在有机质丰富的水中极易发生。

（3）防控方法

①用生石灰清塘，杀灭水中的病原体。

②定期使用过硫酸氢钾复合盐改良底质。

③定期泼洒复合芽孢杆菌，降低水中的有机质含量。

④发病后先用纤虫净全池泼洒杀灭纤毛虫，再泼洒复合芽孢杆菌分解水中的有机质。

⑤饲料中适量添加蜕壳素，促进小龙虾蜕壳，蜕掉长有纤毛虫的旧壳。

图 5-5 小龙虾纤毛虫病症状

5. 黑鳃病

（1）病原体 此病主要是由于水质污染严重，小龙虾鳃丝受霉菌感染引起。

（2）主要症状 鳃由肉色变为褐色或深褐色，直至完全变黑，引起鳃萎缩，病虾往往伏在岸边不动，最后因呼吸困难而死。

（3）防控方法

①保持饲养水体清洁，溶氧充足，水体定期泼洒一定浓度的生石灰，进行水质调节。

②每立方米水体用漂白粉 1 克化水全池泼洒，每天 1 次，连续 2～3 天。

③把患病虾放在 3‰～5‰ 的食盐水中浸洗 2～3 次，每次 3～5 分钟。

6. 烂鳃病

（1）病原体 病原体为丝状细菌。

（2）主要症状 细菌附生在病虾鳃上并大量繁殖，阻塞鳃部的血液流通，妨碍呼吸。严重的鳃丝发黑、霉烂，引起病虾死亡。

（3）防控方法

①经常清除虾池中的残饵、污物，注入新水，保持良好的水体环境，保持水体中溶氧在 4 毫克/升以上。

②避免使用未经发酵的粪肥，保持养殖环境的卫生安全，避免水质被污染。

③用每立方米水体用 0.5 克二氧化氯化水全池泼洒，可以起到较好的治疗效果。

④通过全池泼洒漂白粉，可以有效治疗小龙虾烂鳃病，每立方米水体泼洒漂白粉 2～3 克。

⑤对于病虾比较多的池塘，可以全池泼洒高锰酸钾，用量 0.5～0.7 克/米³，在 6 小时后换 2/3 的水。

7. 烂尾病

（1）病原体　由小龙虾受伤、相互残食或被几丁质分解细菌感染引起。

（2）主要症状　感染初期病虾的尾部有水泡，导致尾部边缘溃烂、坏死或残缺不全（图 5-6），随着病情的恶化，尾部的溃烂由边缘向中间发展，严重感染时，病虾整个尾部溃烂掉落。

图 5-6　小龙虾烂尾病症状

（3）防控方法

①运输和投放虾种时，不要堆压和损伤虾体。

②饲养期间饲料要投足、投匀，防止虾因饲料不足相互争食或

残杀。

③发生此病，每立方米水体用茶粕 15～20 克浸液全池泼洒。

④发生此病，每亩水面用生石灰 5～6 千克化水全池泼洒。

8. 细菌性肠炎病

（1）病原体　主要是因为食用了不洁的食物，或消化系统由于寄生虫寄生而受损引发点状气单胞菌感染引起。

（2）主要症状　感染初期病虾食欲减退，继而停止摄食，向浅水区、岸边靠近；消化道充血肿胀，有很多淡黄色的黏液，随着病情的发展，最终会死亡，还会引起其他健康虾的感染。该病来势较猛，后果比较严重。

（3）防控方法

①每个月用生石灰或者漂白粉进行 1～2 次的消毒杀菌。

②每个月改底 2～3 次。

③每个月换水 2～3 次，每次换水 20％左右。如果气温高时要增加换水次数。

④投喂食物时候要定时定点，分早晚两次投放，并根据摄食情况适当进行增减，避免投喂腐烂变质的饲料。

⑤饵料中可以拌入适量三黄粉或者肝胆康或者胆汁酸之类的保肝护胆药物，以增强小龙虾的抵抗力。

⑥对于适合上市出售的小龙虾要及时捕捞出售，以降低养殖密度。

⑦每亩水面用生石灰 5～6 千克或每立方水体用 0.5 克的二氧化氯化水全池泼洒，可以起到较好的治疗效果。

9. 聚缩虫病

（1）病原体　病原为聚缩虫，常见种是树状聚缩虫。聚缩虫寄附于小龙虾的体表和鳃等部位。发病原因主要是水体中有机质较多，为聚缩虫提供了养料和附着物，加上其惊人的繁殖速度，最终使小龙虾染病。

（2）主要症状　小龙虾被聚缩虫寄生后，体表似覆盖一层絮状白毛（图 5-7），然后活动减弱，进食减少，身体消瘦。与纤毛虫病相反的是，患病的小龙虾趋光性差，常常沉在水底，保持不动或者缓慢游动，可以保持不进食，不排泄、不脱皮，后期严重者，一般在凌晨或黎明前夕批量死亡。幼体、成虾均可发生，对幼虾危害较严重。

图 5-7　小龙虾聚缩虫病症状

（3）防控方法

①彻底清塘，杀灭池中的病原体。

②发生此病后可采取经常换水的方法，减少池水中聚缩虫数量。

③经常全池泼洒微生态制剂，分解水体有机碎屑，消灭聚缩虫赖以生存的基础。

（七）捕捞

1. 捕捞时间

投放幼虾时，第一批成虾捕捞时间为 4 月中下旬至 6 月上旬；第二批成虾捕捞时间为 8 月上旬至 9 月底。投放亲虾时，幼虾捕捞时间为 3 月中旬至 4 月中旬；成虾捕捞时间和投放幼虾时相同。

2. 捕捞工具

捕捞工具以地笼为主。幼虾捕捞地笼网眼规格以 1.6 厘米为宜；成虾捕捞地笼网眼规格以 2.5～3.0 厘米为宜。

3. 捕捞方法

捕捞初期，不需排水，在傍晚直接将地笼放在田面上及边沟内，第二天清晨起捕。地笼放置时间不宜过长，否则小龙虾容易自相残杀严重

或因局部密度过高造成缺氧。地笼一般每隔3～5天换一个地方。当捕获量渐少时，降低稻田水位，使虾落入边沟内，再集中在边沟内放地笼。用于繁育小龙虾苗种的稻田，在秋季进行成虾捕捞时，当日捕捞量低于0.5千克/亩时停止捕捞，剩余的虾用来培育亲虾。

第二节 典型模式

一、湖北省典型模式

(一)虾稻连作模式

所谓虾稻连作是指在中稻田里种一季中稻后，接着养一季小龙虾的一种种养模式，即小龙虾与中稻轮作。具体地说，就是每年8月至9月中稻收割前投放亲虾，或9月至10月中稻收割后投放虾苗，第二年4月中旬至5月下旬收获成虾，5月底、6月初整田、插秧，如此循环轮替。

这种模式是利用低湖撂荒稻田，开挖简易围沟放养小龙虾种虾，使其自繁自养的一种综合养殖方式。其主要特点是种一季中稻养一季小龙虾，亩产小龙虾达100千克左右。

1. 稻田工程建设

(1) 稻田选择 选择水质良好、水量充足、周围没有污染源、保水能力较强、排灌方便、不受洪水淹没的田块进行稻田养虾，面积一般不超过50亩。

(2) 田间工程 沿稻田田埂内侧四周开挖边沟，沟宽1～1.5米，深0.8米，田块面积较大的，还要在田中间开挖"十"字形或"井"字形田间沟，田间沟宽0.5～1米，深0.5米，边沟和田间沟面积占稻田面积3%～6%。利用开挖边沟和田间沟挖出的泥土加固、加高、加宽田埂，平整田面。田埂顶部应宽2米以上，高于田面0.8～1米。进排水口用60目密眼网袋围住，防止小龙虾随水流而外逃或敌害生物进入。进水渠道建在田埂上，排水口建在虾沟的最低处，按照高灌低排格局，保证灌得进、排得出。

2. 放养前的准备工作

(1) 清沟消毒 放虾前10～15天，用生石灰或其他药物对边沟和田间沟进行彻底消毒，杀灭野杂鱼类、敌害生物和致病菌。

（2）施足基肥 放虾前 7～10 天，在稻田中注水 20～40 厘米，然后施肥培养饵料生物。一般结合整田施农家肥 100～500 千克/亩，均匀施入稻田中。

（3）移栽水生植物 边沟内栽植轮叶黑藻、伊乐藻、眼子菜等沉水性水生植物，在水面上移栽水葫芦、水花生等。水草的面积不宜太大，一般占边沟面积的 40%～50%，以零星分布为好，这样可使边沟内水流畅通无阻。

3. 小龙虾种苗的放养

生产上小龙虾的种苗放养有两种模式。

（1）放亲虾模式 第一年的 8 月，在中稻收割之前 1 个月左右，往稻田的边沟中投放经挑选的亲虾，投放量 20～30 千克/亩。亲虾投放后可以不投喂或少量投喂。

（2）放虾苗模式 每年的 10—11 月当中稻收割后，用木桩在边沟中营造一些深 10～20 厘米深的人工洞穴并立即加深水位。往稻田中投施腐熟的农家肥，投施量为 100～300 千克/亩。肥料应均匀地投撒在稻田中并没于水下以培肥水质。培肥水质后往边沟中投放离开母体后的虾苗 1.0 万～1.5 万尾。在虾苗培育期间，可适当投喂一些鱼肉糜，绞碎的螺、蚌肉，以及动物屠宰场和食品加工厂的下脚料等，也可投喂虾苗专用饲料。饲料投在稻田沟边，沿边呈多点块状分布。

4. 科学投喂

稻田中的稻草尽可能多的留置在稻田中，呈多点堆积并没于水下浸沤。整个秋冬季，注重投肥，培肥水质。一般每个月施一次腐熟的农家粪肥。天然饵料生物丰富的可不投饲料。到第二年 2—3 月水温逐渐升高时，要加强投草、投肥，培养天然饵料生物。一般每亩每半个月投一次水草，投放量 100～150 千克；每个月投一次发酵的猪牛粪，投放量 100～150 千克。有条件的建议每天投喂 1 次人工饲料，以加快小龙虾的生长。可用的饲料有饼粕、米糠、砸碎的螺蚌及动物屠宰场的下脚料等，以傍晚投喂为主，投喂量根据小龙虾摄食以及天气情况适量增减。

5. 田间管理

每天早、晚坚持巡田，观察沟内水色变化和虾的活动、摄食、生长情况。田间管理的工作主要集中在水稻晒田、施肥、用药、防逃、防敌害等方面。具体要求参考本章第一节相关内容。

6. 收获上市

稻田养殖小龙虾，只要一次放足苗种，经过 1～2 个月的饲养，就能够达到商品规格。长期捕捞、捕大留小是降低成本、增加产量的一项重要措施。将达到商品规格的小龙虾捕捞上市出售，未达到规格的继续留在稻田内养殖，降低稻田中小龙虾的密度，促进小规格的小龙虾快速生长。捕捞工具一般采用虾笼和地笼，在下午将虾笼和地笼置于稻田内，每天清晨起笼收虾。最后在整田插秧前排干田水，将虾全部捕获。

(二) 虾稻共作模式

虾稻共作是一种种养结合的生产模式，即在稻田中养殖小龙虾并种植一季中稻，在水稻种植期间小龙虾与水稻在稻田中同生共长。具体来说，就是每年的 8 月至 9 月中稻收割前投放亲虾，或 9 月至 10 月中稻收割后投放虾苗，第二年的 4 月中旬至 5 月下旬收获成虾，同时补投幼虾，5 月底、6 月初整田、插秧，8 月、9 月收获亲虾或商品虾，如此循环轮替的过程。

这种模式是在"虾稻连作"基础上发展而来的，变过去"一稻一虾"为"一稻两虾"，延长了小龙虾在稻田的生长期，实现了一田两季、一水两用、一举多赢、高产高效的目的，在很大程度上提高了经济效益、社会效益和生态效益，不仅提高了复种指数，增加了单位产出、拓宽了农民增收渠道，而且有利于国家粮食安全，大幅增加农民收入，亩产小龙虾 150～200 千克。

1. 稻田准备工作

准备工作包括稻田选择、稻田改造、防逃设施安装、进排水配套等，所有要求与虾稻连作模式基本相同，但在两个方面存在一定的差异：一是边沟的宽度和深度，虾稻共作模式要求沟宽 3～4 米，沟深1～1.5 米；二是对于不采用免耕抛秧技术的稻田，建议修筑内埂，即在靠近边沟的田面筑好高 20～30 厘米、宽 30～50 厘米的内埂，将田面和边沟隔开，避免田面整理以及对水稻使用农药、化肥时对小龙虾产生不利影响。

2. 养殖模式

养殖第一季小龙虾时，其种苗投放方法和虾稻连作模式完全相同。养殖第二季小龙虾时，根据稻田存留幼虾情况，既可在第一季小龙虾养殖结束时，也可以在秧苗返青后，补充投放第二批幼虾。一般规格 5 厘米左右的幼虾，投放量宜为 2 000～4 000 只/亩。

3. 种养管理

种养管理工作包括饲料投喂、水位控制、合理施肥和科学晒田等，和虾稻连作模式大同小异，具体内容参照本章第一节执行。

4. 收获上市

（1）成虾捕捞　第一季捕捞时间从 4 月中旬开始，到 5 月中下旬结束。第二季捕捞时间从 8 月上旬开始，到 9 月底结束。捕捞工具主要是地笼，地笼网眼规格宜控制在 2.5～3.0 厘米，保证 30 克/尾以上的成虾被捕捞，幼虾能通过网眼跑掉。

（2）亲虾留存　对于苗种自给自足的稻田，不必刻意留存亲虾，9 月成虾捕捞时会有部分漏网之虾，其第二年繁殖的苗种足够自身的苗种需求；对于第二年计划出售苗种的稻田，建议留足下一年可以繁殖的亲虾。要求亲虾存田量每亩不少于 20 千克。

（三）繁养分离模式

近年来，全国稻田养殖小龙虾大多采取繁养一体模式（包括虾稻连作、虾稻共作），即小龙虾的苗种繁育和成虾养殖都在同一块稻田内进行。这种模式生产的小龙虾一般 70％以上不超过 25 克，35 克以上大规格小龙虾占比不到 15％。繁养一体模式生产的小龙虾规格偏小的主要原因之一是稻田内虾苗密度过大。小龙虾属于低等生物，低等生物在环境差、密度大、饵料缺乏的情况下，就会有个体小型化或性早熟的趋势。小龙虾体型小型化，已然无法满足新形势下的市场需求，生产大规格商品虾已经成为养殖户的一致共识。在这种背景下，通过控制养殖密度以生产大规格商品虾的"繁养分离模式"应运而生（图 5-8）。

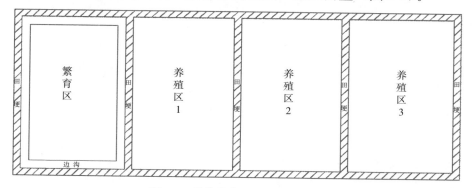

图 5-8　繁养分离模式稻田示意图

繁养分离模式是指在小龙虾的养殖过程中将虾苗繁育和成虾养殖两个环节完全分开。繁育区占稻田1/4左右，只进行虾苗繁育，为成虾养殖区提供虾苗。养殖区占稻田3/4左右，功能是将繁育区的虾苗通过精准放养、科学投喂，生产出大规格、高品质小龙虾，达到提高经济效益的目的。

1. 繁养分离模式的优点

（1）提升小龙虾的规格　繁养分离模式使养殖户能够对小龙虾的养殖密度进行有效控制，实现精准投喂、科学管理，从而提升规格、提高效益。

（2）避免小龙虾种质退化　通过每年投放大规格优质亲虾，不仅破解了"捕大留小"种质性状负选择的技术瓶颈，而且有效降低近亲繁殖的概率，避免近交衰退。

（3）有利于小龙虾良种选育　繁养分离模式有专用区域用于小龙虾苗种繁育，为开展小龙虾良种选育、提升种质奠定了繁育基础和条件。

（4）实现小龙虾错峰上市　繁养分离模式为调控小龙虾繁育周期奠定了基础，不仅可以实现错峰供应苗种，而且可以错峰供应大规格小龙虾。

（5）有利于稳定粮食生产　在繁养分离模式中，仅1/4左右的虾苗繁育田块需要开挖边沟，其余3/4左右的成虾养殖田块不需要挖边沟，因此，繁养分离模式极大减少了稻田的沟坑面积，对于稳定粮食生产起到了积极的作用。

（6）降低生产成本　在繁养一体模式中，秋冬季肥水、青苔防控方面生产投入不少，但是在繁养分离模式中，秋冬季仅1/4左右的虾苗繁育田块需要上水，其余3/4左右的成虾养殖田块不需要上水，不仅肥水、青苔防控方面生产投入明显减少，而且还能大大降低劳动者的管理强度。

（7）延长水稻生长期　传统繁养一体模式要求每年5月底前后清塘种稻，选择生长周期短的早熟稻品种，9月下旬至10月上旬收割，为小龙虾苗种繁育腾出时间。繁养分离模式的成虾养殖田块不受小龙虾苗种繁育时间的限制，可选择生长期长的水稻品种，大大延长水稻生长期，提高稻米品质和产量。

（8）避免稻田土壤潜育化　多年养殖小龙虾的稻田，由于土壤长期处于淹水状态，容易出现土壤潜育化的问题。晒田是保障水稻土壤健康的重要措施，也是减少小龙虾病害的重要措施。繁养分离模式可使成虾养殖田块留足晒田时间，然后通过不同年份虾苗繁育田块和成虾养殖田块轮换的方式，使所有稻田均可得到有效晒田时间，显著改善养虾稻田土壤潜育化的问题。

2. 繁养分离模式技术要点

（1）稻田改造　苗种繁育区的稻田改造参照"虾稻共作模式"进行。对于想在3月出早苗、出大苗的养殖户，建议边沟深度比"虾稻共作"模式少30厘米左右；对于想5月以后错峰出苗的养殖户，建议适当加深边沟深度。

成虾养殖稻田不必开挖边沟，但田埂应适度加高，建议至少高于田面0.8米，以确保稻田内最高水位能达到0.6米。建议有条件的养殖户在田埂内侧扎水网不让小龙虾打洞，这样不仅可以增加回捕率，减少老鼠和黄鼠狼等敌害生物偷食损失，而且第二年养殖密度可控。

（2）繁育区生产流程　3月至4月上旬捕捞虾苗，之后捕捞成虾，5月底至6月初整田插秧，8月底至9月补投亲虾，9月底至10月初水稻收割后及时上水。每年依此循环往复。

（3）养殖区生产流程　3—4月上旬投放虾苗，4月下旬至6月上旬捕捞成虾，6月中旬前后整田、插秧，10月中旬前后收割水稻，第二年2月上水后种草。

二、安徽省典型模式

（一）安徽稻虾综合种养的共性技术

1. 养虾稻田条件

（1）水质要求　稻田要求周围无任何污染源，水质清新，灌排方便，且水量能满足全年种养需求。水质与环境相关指标应符合《无公害农产品　淡水养殖产地环境条件》要求。

（2）土质条件　稻田应选择土质黏性肥沃，土壤保水性能好，田埂坚实不漏水田块。避免选择容易渗水、漏水的矿质和沙壤性土质稻田。

（3）稻田面积　稻田面积大小不限，尤其适合丘陵地区，地理落差大、田块小，平整工程量大的地区。

2. 稻田改造

安徽稻虾综合种养产区很多位于丘陵与平原的结合部，地理落差大，田块大小从几分到十几亩不等，当地农民根据稻田的地理地貌，一般只作简易工程改造。受资金投入和土地流转时的限制要求，许多田块甚至没有开完虾沟，基本不占耕地，几乎不减少水稻种植面积，既不与粮争地，又减少了稻田工程改造费用。而种一季稻养一季虾，同样取得较好养殖效果。目前霍邱县三流乡特色的微沟平板式"稻虾轮作"模式得到社会广泛认可。

田间工程建设主要包括简易开挖虾沟，田埂加宽、加高、加固，进排水设施，进排水口设置过滤和防逃设施等。

3. 水草种植和管理

（1）水草的品种　主要有沉水植物和漂浮植物两大类。沉水植物品种有菹草、轮叶黑藻、苦草和伊乐藻。伊乐藻是虾田种植最多的水草品种，但耐高温能力相对较差。菹草富含虾青素、类胡萝卜素等，是小龙虾最喜欢的水草品种，容易清除，方便管理，目前广泛受到农民重视。漂浮植物品种有水葫芦、水花生等，要进行固定，防止满田乱漂、扩散。

（2）水草种植

①地点。水草种在稻田田面、平台、边沟底部。

②时间。不同时间种不同的草，菹草在前一年11月至第二年5月，轮叶黑藻在3—10月，全年生苦草3—10月，伊乐藻在9月至第二年5月。

③种植方法。沉水水草有播种法、扦插法、投草法，漂浮水草一般采取移植法。

（3）水草管理　虾田一般种2~3种水草。某一水草季节性死亡不会恶化水质。水草覆盖面积一般不超过50%。高温季节要注意水草季节性死亡，恶化水质，要有计划地清除多余的水草，同时要注意培育好漂浮植物，起到遮阳、降温的作用。

（二）原生态"稻虾轮作"模式

1. 投放种虾模式

一般在5月底至7月初水稻插秧前后投放亲虾，这是霍邱县三流乡最普遍的一种养殖模式。

（1）亲虾投放

①亲虾来源。亲虾从无病害、养殖水环境好的养殖场或天然水域挑选，遵循就近选购原则。雌雄亲虾应来源于不同场地，具有良好的遗传多样性。

②亲虾投放前准备。在亲虾投放前应加强稻田小龙虾的捕捞，插秧前降水整田时可用漂白粉等清除多余的小虾、杂鱼和敌害生物，尽量减少存田小龙虾的数量，做到亲虾投放密度精准。

③亲虾投放密度。稻田坑沟少，田面灌水浅，虾苗以满足本田需要为主，一般投放种虾7～10千克/亩；稻田有坑沟，田面灌水深，满足本田需要还可以出售虾苗的，一般投放种虾15～20千克/亩。

（2）稻田水位管理 9月中下旬至10月上旬水稻收割后，稻田立即灌水10～20厘米，根据气温变化逐渐加深水位，保持水质有一定肥度。

（3）重视良种 "捕大留小"产生"逆向选择"问题，大的都捉走了，留下来的都是小的、长得慢的，这样小的虾不能做种虾，要年年放良种。苗种一定要靠自身解决，靠外地长途运输会产生很多问题。只有建良种场，才能出早苗、出好苗、出多苗，"苗多、苗早、苗好，产量才会高"。很多养殖户苗放得太晚（4月底或5月初才投放苗），上市的时候价格低，病害风险大，效益低。

2. 投放虾苗养殖模式

一些苗种不能自给的稻田，一般采取投放虾苗养殖模式。

（1）投苗时间 一般在每年9月至10月，水稻收割后，稻田立即灌水10～20厘米，开始投放虾苗，第二年3月根据情况补投虾苗。早放苗、早收获是原生态稻虾模式最主要的特点，也是其小龙虾上市早的主要原因。早投苗比晚投苗好，秋天投种比春天投苗好，3月投苗好于4月投苗，4月投苗好于5月投苗。

（2）虾苗放养密度 每亩投放体长规格为1厘米的虾苗约1.5万尾，也可以在第二年3月投放规格为3～5厘米的虾苗0.3万～0.5万尾，可亩产商品虾100千克左右。为了提高产量，可以在第二年的3月至6月，每捕捞5千克大虾补放0.5～1千克虾苗，实行轮捕轮放，可亩产商品虾150千克左右。一般3月投苗，4月就可捕捞上市。

（3）虾苗来源 虾苗宜直接来源于良种场的地笼。上了分拣盘的幼

虾或多或少都有损伤，会影响下水后成活率，不能用作苗种。虾苗要求规格整齐，活泼健壮，无病害。

（4）苗种捕捞　在捕捞虾苗前，应先用大网眼地笼捕走上一年繁育过后的老虾，避免过多大虾混杂在虾苗中损伤虾苗。在虾苗捕捞过程中，要求带水操作。将小龙虾从地笼倒进盆中，挑出大虾，把虾苗带水运到岸上包装。离水时间尽量短，以防小龙虾脱水而影响成活率。

（5）虾苗运输　小龙虾是靠鳃呼吸的水生动物，离水时间过长，鳃丝干燥，就会呼吸受阻，导致机体损伤，运输途中虽未死亡但再次下水后会由于不能顺利蜕壳而死亡。因此在小龙虾苗种捕捞、运输、投放过程中，离水时间应尽量短，最好是带水操作。

幼虾一般采用"尼龙袋充氧运输法"（即"水运法"）或"半干半水运输法"（简称"干运法"）。"干运法"只适合食用虾的运输。虾苗采取"干运法"运输易受损伤，损伤的虾苗下水后蜕壳时易死亡。很多养殖户在这方面吃亏很多，损失惨重。有人认为水运虾苗死亡率更高，这是不懂"水运法"的要求和技术。

"尼龙袋充氧运输法"：用于1～3厘米的虾苗运输，1厘米的虾苗每袋可装1 000～2 000尾，具体数量视距离远近而定；3厘米的虾苗每袋可装虾苗1.5～2.5千克，运输时间不超过24小时。

（6）投放地点　虾苗投放一般选择在平台、稻田田面以及水草多的地方，让小龙虾自己爬进稻田。原则上是选择在浅水区，不能直接投在沟里。

3. 饲养管理

（1）亲虾饲养管理

①投饲。投放的亲虾除自行摄食稻田中的有机碎屑、浮游动物、水生昆虫、周丛生物及水草等天然饵料外，宜视情况少量投喂颗粒饲料或动物性饵料，每日投喂量为亲虾体重的1%。

②加水。水稻收割后随即加水，淹没田面10～20厘米。一些地方习惯在水稻收割后再晒田（时间较长），这样的做法一般不利于小龙虾出早苗、出多苗。

（2）虾苗饲养管理

①肥水。肥水的目的一是培育浮游动物作为虾苗的饵料；二是保持水体一定肥度，可预防青苔暴发。肥水一般从10月开始至第二年3月，

肥料品种有生物肥或发酵有机肥。

②水位调节。水位调节的目的是调控水温。一般水稻收割后至越冬前的10—11月，稻田水位控制在20厘米左右，使稻茬露出水面10厘米左右；越冬期间水位控制在40厘米左右。3月，稻田水位控制在20厘米左右；4月中旬以后，应逐渐加深到最高水位。

（3）成虾养殖阶段饲养管理　包括投饲、水质调控、清除敌害、预防病害和适时捕捞。详细操作参考本章中稻田管理和养殖管理部分。

三、江苏省典型模式

（一）江苏稻虾综合种养的共性技术

1. 田块的选择与要求

稻虾生产的环境应符合 NY/T 5361—2016 和 NY/T 5010—2016 的规定。选择靠近水源、周边无污染源、进排水方便且灌排分开、土壤质地偏黏、底泥肥沃疏松、腐殖质丰富、田埂坚实不漏水的田块开展稻虾综合种养生产。高沙土及丘陵地不宜选用。

2. "三大、两水、两网、一道"的配套工程设施

（1）三大（大田块、大边沟、大畦面）

①大田块。选择交通便利、面积为30～60亩的大田块作为一个生产单元。因在同等面积、同等沟田比的情况下，实际开挖的边沟面积大小与田块的形状有很大关系，田块越趋于正方形越有利于挖大边沟。因此，最好在土地流转后进行稻虾田合理规划。

②大边沟。根据《通则》，在发展稻田综合种养产业时，应进行土地流转和科学的田间工程规划布局，沟坑占比不超过10%。大边沟应符合"四度"指标要求：一是宽度。沿田块内侧四周距田埂2米处开挖上宽4～6米、底宽1.5～3米的边沟。二是深度。田面以下深1.2～1.5米。三是坡度。坡比1：（1.0～1.2）。四是高度。挖沟的土方用作加高、加宽、加固四周田埂，埂高1.0～1.2米。

③大畦面。为便于耕田、耙地、插秧、收割等全程机械化作业，畦面不开"十"字或"井"字形沟。如果水稻大苗机插，则不构筑畦面四周的内埂。若是水稻小苗机插，则应在畦面四周构筑宽30厘米、高20厘米的用于控水、拦虾的内埂。

（2）两水（进水、排水）　为保持稻虾综合种养田内水质优良，避

免排出的废水与灌入的水源再次交汇，必须建立相对独立的"两水"灌排设施。

①灌水。建立泵站、渠（管）道等引水设施，将清洁水源引灌入田。进水口用60目滤网封实，防止有害生物的卵或幼体侵入以及小龙虾外逃。

②排水。一般通过涵闸和渠道将稻虾田废水排入专门的人工湿地进行净化，再循环利用。因许多鱼类有溯水上游的习性，排水口也应用60目滤网封实，防止有害生物的卵或幼体入侵以及小龙虾外逃。

（3）两网（防逃网、防盗网）　为小龙虾被盗和外逃以及陆生、两栖类天敌入侵，必须在稻虾田周边构建防盗网和防逃网。

（4）一道（田与埂之间的通道）　在田面与田埂和交通干道连接处构建农机具和人员进出的通道，通道底部埋设涵管，确保边沟水系畅通，通道宽度一般为4米左右，呈斜坡状。

3. 水稻绿色生产技术体系

（1）绿色种养　将稻虾综合种养生态系统中的时空资源、光温资源、水土气资源、生物质资源等进行合理的优化配置，达到种养结合、互利共生、资源循环利用，以最小的外部资源投入，获得最大的生态、经济效益，促进稻虾综合种养高质量、可持续发展。

①水稻育秧方法。水稻育秧方法宜采用钵苗育秧法。采用精量播种、控水与化控技术，培育出具有完整钵球、秧龄长、秧苗壮、抗逆性强、适宜在稻虾综合种养田大苗机插的高素质、长秧龄钵苗。江淮地区育秧时间一般在5月中下旬。

②水稻栽插密度。一般采用宽行宽株栽插，如宽窄行栽插等。株行距范围为（25～35）厘米×（15～25）厘米。总之，既要确保水稻冠层以下通风透光，又要利于小龙虾在稻田中自由穿行，还要保证水稻产量不低于500千克/亩。江淮地区插秧时间一般在6月中下旬。

③水稻栽插方式。稻虾综合种养稻田宜采用大苗机插法。其理由有三：一则利于插秧后早上深水控制杂草滋生，实现"以水压草"；二则利于小龙虾及早从边沟中释放进入稻田吃草、吃虫，尽早构建稻虾生态系统食物链，达到以小龙虾控制杂草和害虫的目的，即"以虾控草控虫"；三则利于高效利用稻田的时空和水土、生物等资源，提高稻虾田的综合生产能力，便于资源的合理配置和利用，如高效的"一稻两虾"

和"一稻三虾"模式等。因此，水稻育秧宜采用培育"长秧龄钵苗"的方式。

④插秧机械。大苗机插是未来稻虾综合种养水稻栽插的主要方式，目前深泥脚插秧机的问世，顺应这一形势的发展需求。长秧龄深泥脚钵苗插秧机适合长期泡水易陷的稻虾综合种养田插秧，适宜栽插密度为1万穴/亩左右。该插秧机同时装有侧深施肥器，可将缓释性复合肥一次性施入稻根附近，可避免在稻虾综合种养过程中因撒施颗粒型复合肥引起小龙虾误食，诱发肠炎、造成死亡现象。

（2）绿色营养　根据具体水稻品种的需肥规律，投以适量的环保型肥料作补充，最大限度地减少化学肥料的投入，达到减肥提质增效的目的。稻虾综合种养应贯彻平衡施肥、秸秆还田、水草或绿肥还田、小龙虾粪便和残饵还田、施用生物有机肥、灌溉养殖塘富营养化水等"六位一体"的绿色施肥理念，确保水稻正常生长，同时达到化学肥料用量减少50%以上。基肥一般施经腐熟的有机肥100～200千克/亩，45%高浓度缓释性复合肥40千克/亩左右；在水稻生长盛期适时施追肥，用量为液态专用有机肥20～40千克/亩或尿素10～15千克/亩，分3次分别在水稻拔节期、抽穗扬花期和灌浆期施入。

定质：饲料应配方合理、新鲜清洁，不喂腐烂变质的饲料。

定量：应根据不同季节、不同气象条件、不同生育阶段、不同小龙虾食欲反应和水质情况制定科学的投饵量。

定时：按照小龙虾的摄食规律，早晚定时投喂。

定点：设置固定投饵台，实时观察小龙虾吃食情况，及时查看小龙虾的摄食能力及有无病症。小龙虾一般以稻虾田生长环境中的水草、浮游生物和底栖生物为主要食源。

（3）绿色防控　由于开展稻虾综合种养的稻田长期处于泡水状态，水稻生长又处于高温、高湿的炎热夏季，虽然系统内部形成的食物链能够驱害除虫，大大降低病虫草害发生率，但要最大限度地控制有害生物的危害，必须构建一整套的稻虾综合种养绿色防控技术体系。通过多年的研究和生产实践，集成了"五位一体"的稻虾综合种养绿色防控策略，即将农业防治、生态防治、生物防治、物理防治和化学防治等有机结合，达到保护有益生物的多样性、降低病虫害发生率、促进稻虾综合种养互利循环绿色生产、提升农产品质量安全水平的目的。总结多年稻

虾综合种养的病虫害发生规律发现，主要危害水稻生长发育和产量、品质的有害生物为"三病三虫"，即稻瘟病、稻曲病、水稻纹枯病和二化螟、稻纵卷叶螟、稻飞虱。

①农业防治。规划好品种布局，选用抗病、抗虫品种；用专用育秧基质培育健壮秧苗；宽行宽株栽插；冬季休耕、深耕灭茬、种植水草养地、种植紫云英或油菜等绿肥作物（翻耕后养地）、种植牧草养畜禽等；冬季排水晒田，促进田底有毒有害物质分解、挥发，降低有害病菌、寄生虫的存活率等。

②生物防治。A. 食物链防控。构建"水稻＋小龙虾"互利共生生态种养循环系统，利用小龙虾取食田间害虫与杂草。B. 生物农药防控。稻田综合种养生产过程中防治纹枯病、稻曲病、稻瘟病的生物农药主要有芽孢杆菌和井冈霉素，产品和制剂有多种，如井冈·噻呋酰胺（穗穗福）、井冈·枯芽菌（青易/纹曲宁）、解淀粉芽孢杆菌 LX-11（率先）、井冈·低聚糖（福音莱）等。生产上用 75％三环唑 20 克/亩＋井冈·蜡芽菌（2％井冈霉素和800 000国际单位/毫克蜡质芽孢杆菌）悬浮剂 50 克/亩防治稻瘟病、稻曲病和纹枯病。近年来，稻虾综合种养田极易发生稻曲病，严重的田块发病率甚至高达 80％以上，对水稻产量和稻米品质影响极大。因此，在水稻的破口关键期，应注重稻曲病的防治。另外，植物源农药"茶黄素"对稻瘟病具有良好的防控作用，还可以兼治水稻纹枯病。

③生态防治。A. 性诱剂灭虫。昆虫性诱剂是模拟自然界的昆虫性信息素，通过释放器释放到田间干扰害虫交配、诱杀异性害虫，利用个体昆虫对性信息素产生反应而被杀，导致昆虫失去配偶而绝后；且杀虫专一性强，对益虫和害虫天敌不会造成危害。性诱剂灭虫因不接触水稻和土壤，故没有农药残留之忧。根据不同的水稻害虫应配置不同的诱芯，一般每亩安插 6 个性诱捕器，连片设置，诱芯每隔 15 天左右换 1次，诱捕器高出稻株 10 厘米左右。B. 香根草灭虫。香根草是良好的护坡性多年生植物，同时又是控虫性植物。香根草体内能散发出独特的香味，将水稻上鳞翅目钻柱性害虫如大螟、二化螟等飞蛾吸引到草上产卵，而香根草同时能分泌出另一种活性物质，对螟虫的卵具有毒杀作用，因此螟虫繁殖率很低。在综合种养稻田四周田埂上种植香根草可有效降低害虫的繁殖力。C. 赤眼蜂灭虫。这是一种"以虫治虫"的方法，

即利用赤眼蜂寄生于水稻螟虫卵、破坏卵的生长发育而控制害虫数量，达到防治目的。应当注意不同赤眼蜂产品、放蜂量和最佳放蜂时期及放蜂方法等。

④物理防治。A. 杀虫灯灭虫。"飞蛾扑火"形象描述了昆虫的趋光性。利用昆虫对特定诱虫光源的敏感性，诱集并杀灭昆虫，以降低虫口密度。杀虫灯主要用于害虫的杀灭，减少杀虫剂的使用。杀虫灯专门诱杀害虫的成虫，能够降低害虫基数，使害虫的密度和落卵量大幅度减小。利用害虫的趋光性诱杀螟虫和飞虱等迁飞性害虫，每 20 亩配备 1 台频振式太阳能杀虫灯，每晚灯亮 7～8 小时。B. 黏虫板灭虫。利用害虫的趋色性制成的黄色胶黏害虫诱捕器（简称黄板），能诱杀稻蚜、稻飞虱、稻蓟马、叶蝉等多种害虫。一般每亩安插 20～30 块黄板，高度在水稻冠层以上 15～20 厘米。

⑤化学防治。水稻分蘖期主要防治纹枯病、稻纵卷叶螟、稻飞虱、二化螟、叶瘟等，使用药物有又胜（32.5％苯甲·嘧菌酯悬浮剂）40 克/亩、神约（25％吡蚜酮悬浮剂）30 克/亩、庄利（30％茚虫威悬浮剂）10 克/亩以及蜻蜓飞来助剂 10 克/亩。拔节期-孕穗期主要防治对象为纹枯病、叶瘟、稻纵卷叶螟、飞虱、二化螟等，使用药物同分蘖期。破口期主要防控纹枯病、稻瘟病、稻曲病、稻纵卷叶螟、飞虱等，使用药物有又胜（32.5％苯甲·嘧菌酯悬浮剂）20 克/亩、己足（45％戊唑·咪鲜胺 EW）50 克/亩、神约（25％吡蚜酮悬浮剂）20 克/亩、庄利（30％茚虫威悬浮剂）10 克/亩，以及蜻蜓飞来助剂 10 克/亩。

（二）江苏省稻虾模式

1. "一稻一虾"模式

"一稻一虾"是指在一个周年里，稻虾田收获一季水稻和一茬小龙虾。其形式大致有三种：一是稻虾轮作，即在水稻栽插前养殖一茬小龙虾，也可称之为"稻前虾"，就是稻虾田里有虾无稻；二是稻虾共作（亦称稻虾共生、稻虾共育等），也可称之为"稻中虾"，即在水稻生长的同时养殖一茬小龙虾，稻虾田里有稻也有虾；三是稻虾连作，即在水稻收获前后通过投放种虾在秋冬季繁殖一茬虾苗，或投放虾苗养殖一茬成虾，也可称之为"稻后虾"，也就是稻虾田里有虾无稻。

（1）"稻前虾"养殖　图 5-9 是"稻前虾"养殖的时空耦合图。一年只在稻田养殖一茬"稻前虾"，实施这种"一稻一虾"模式的，稻田

四周可不挖大边沟，但必须加高、加固田埂，以提升水位，便于种草养虾，同时要做好防逃工作。

图 5-9 "稻前虾"养殖的时空耦合模式图

①消毒除杂。"稻前虾"养殖，时间从第一年水稻收割后到第二年水稻栽插前。利用水稻收割后、水草种植前的浅水位，适时进行彻底晒塘，达到消毒灭菌、除野杂鱼的目的。一般每亩生石灰用量为 100 千克左右。

②种植水草（图 5-10）。水稻收割后，先让田面充分曝晒一段时间，再在田面上及时种植沉水型水草，并随着水草的生长，逐步提高水位。条带状种植田面草，点穴式种植边沟草，水草覆盖率在 50% 左右。

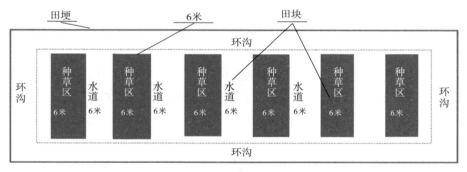

图 5-10 稻虾田水草的合理规划布局示意图

③水草的选择与组合。边沟中种植水花生＋伊乐藻，田面上种植伊乐藻。水花生等一般 2～3 米一簇，应在边沟靠埂一侧的水面上种植，最好交错或间隔种植，并用竹竿或细木棒从水花生中部直插入沟底固定。伊乐藻在沟底、坡面、田面种植，田面 6 米宽的种草带种植 3 行，行距为 3 米，株距为 3 米，水草覆盖度一般为水面面积的 50% 左右（图 5-10）。建议种养面积超过 100 亩的农户或企业，单辟出 5% 左右的专门区域用于培植不同种类的水草，作为稻虾田水草的来源。尤其是换

季时，水草的补给十分重要。既可以解决不时之需，又可以作为商品对外出售。

④改底解毒。利用净水改底型稻虾田专用生物制剂 EM 菌调节水质。EM 菌能有效降低水体、淤泥中的有机质、氨氮、亚硝酸盐和硫化氢等有害物质浓度。一般每亩每米水深用量为 0.5～3 千克，并视水质情况每 10 天左右使用一次。

⑤疾病预防。稻虾田每 10～15 天每亩每米水深泼洒 1 次 EM 菌液或芽孢菌液用于改良和稳定水质，控制致病菌。

肥水控苔。水草种植后的整个秋冬季，稻虾田的水位、水质均应调控好，否则会导致青苔暴发。关键点在于两个方面：一是提升水位；二是培肥水质。一般用经腐熟过的有机肥、市售肥水宝等产品肥水，配合使用腐殖酸钠等遮光剂效果更佳。使用腐殖酸钠时，应确保有 3 个以上晴天，阴雨天使用则效果差。青苔孢子主要潜伏在稻虾田底部的土壤中，一旦水位浅、能见度高，阳光容易透过水体直射到底部，青苔孢子就在光合作用的条件下，迅速生长发育，导致大面积暴发。因此，秋冬早春的低温季节是肥水控苔的关键季节，应引起高度重视。

虾苗投放。一般在 3 月中下旬，就近选择优质虾苗，或者用自主培育的虾苗养殖"稻前虾"。虾苗消毒：虾苗投放前，应用3％～4％的食盐水浸浴 2～3 分钟消毒，也可以用生物消毒剂泡苗杀灭虾苗自身携带的病菌等。然后，再将虾苗放置到边沟的水边试水，使虾苗逐步适应稻虾田的水温和水质。放苗时应将虾苗倾倒在沟边的水草上，由其自行入水。万万不可直接将虾苗倒入水草较少甚至无草的深水区，以免造成虾苗大量窒息死亡。每亩投放6 000尾左右，虾苗进入稻虾田后应泼洒抗应激物质，如维生素 C、维生素 E、多糖类物质，增强虾苗体质。

营养调控。小龙虾苗种投放后，一般经过 2～3 天适应期，就必须投喂适量的成虾养殖专用饲料。一个养殖周期约 40 天，如小龙虾目标产量要达到150 千克/亩，则合理的饲料投喂量为 75 千克/亩，且先少后多，每天视投饵台上小龙虾吃食情况，及时调整投喂量。具体投喂量应根据虾生长发育状况以及天气、水质、疾病等灵活掌握，每天投喂1～2 次，以傍晚投喂为主，投喂量占日投喂量的 70％左右。在阴雨天气或疾病发生时，投喂量应适当减少或停止投喂。

及时捕捞。经过一个养殖周期，一般在 4 月底 5 月初养成"稻前

虾"，此时应尽早上市。一则上市越早价格越高，效益越好；二则避开"五月瘟"，防止小龙虾发病受损；三则早让出稻虾田，有利于"稻中虾"养殖前消毒灭菌、清除野杂鱼等清塘操作。"稻前虾"捕捞时应避免满塘布设笼网，这样既费工又费力。捕虾前先缓慢降水，每天降 3～5 厘米，当田面水接近 10 厘米时，选择鸟类活动减少的夜晚，逐步把水位降至边沟内，将稻虾田滩面上的小龙虾全部赶至边沟中，最后在边沟中用地笼、抄网等将成虾捕净。切忌大幅度突然降水，造成小龙虾来不及随水流爬行到边沟，只能躲藏在滩面上的水草丛中而很难捕捉。而且时间一长，一旦被鸟类发现有大量的小龙虾滞留在水草丛中，则损失会更大。"稻前虾"的生长季节正值春夏之交，气候适宜，水草生长良好，水体浮游生物、底栖生物等天饵料资源丰富，各种病害处于低发期，因此小龙虾生长速度快，产量高（一般亩产 150 千克以上），成虾规格大（个体重通常在 50 克以上，俗称"炮头虾"），而且品质好，有"三白"（鳃白、腹白、肉白）之称，效益也十分显著。

（2）"稻中虾"的养殖　图 5-11 是"稻中虾"养殖的时空耦合图，关键养殖期在 6—7 月，上市期在 7 月底 8 月初，正是市场的断档期，因此价格高，养殖效益好。

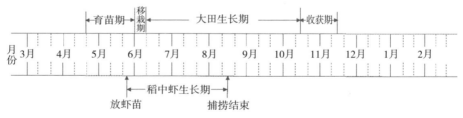

图 5-11　"稻中虾"养殖的时空耦合图

提早育秧。水稻一般在 5 月中下旬育秧，提倡长秧龄大苗栽插，秧龄可达 25～35 天，秧苗高度可 25～40 厘米。

消毒除杂。"稻前虾"捕捞后，应及时彻底清塘。先用生石灰化水全田泼洒，一般每亩用 50 千克左右，野杂鱼如不能全部灭杀，每亩每米水深再用经 24 小时腐熟后的 20 千克左右茶籽饼撒入水体再杀，待野杂鱼大量浮出水面后捞出。

种草养草。清塘后约 1 周，边沟内复水补种或养好水草。"稻中虾"养殖只在边沟种植耐高温的水花生和轮叶黑藻、苦草等。水花生种植方式同"稻前虾"，边沟内的轮叶黑藻和苦草一般采用间歇性种植法，种植一段轮叶黑藻后，再种植一段苦草，如此循环往复。无论是轮叶黑藻还是苦草，都是沟底种一行、坡面种两行。如前面是"稻前虾"养殖田，只需将边沟中的水花生进行补种即可，但伊乐藻必须换成轮叶黑藻或苦草。田面上的伊乐藻，在太阳的曝晒下很快枯萎，复水后很快腐烂成为水稻的有机肥肥源，因此可直接插秧，不必再旋耕、耙地。

虾苗投放。"稻中虾"的养殖，从 5 月底 6 月初开始放苗，到水稻拔节后生长中期的 7 月底 8 月初结束。边沟水草长好后，每亩投放 4 000~5 000 尾虾苗于边沟内暂养，待水稻移栽活棵后，提升水位将小龙虾赶入稻田，进行稻虾共育。

大苗栽插。稻虾田插秧，最好采用大苗移栽，秧龄 25 天以上，移栽后就可提升水位将边沟内的虾苗释放进稻田。如此，可以通过"水压草、虾吃草"的控草方法避免草害发生。

水位调控。稻虾共育后，水位应随着水稻的生长逐步提高，到夏季高温季节应达到最高，一般株高 1.2 米左右的水稻，田面水位应维持在 20 厘米以上，1.6 米以上的高秆稻，田面水位可维持在 40 厘米左右。水位越高，对小龙虾生长越有利，养殖的"稻中虾"产量越高。

一般稻虾田边沟水草多、田面维持较高水位且持续时间长，则小龙虾成虾规格大、产量高。"稻中虾"的产量和规格总体不及"稻前虾"，但上市时却处于消费高峰期，"稻中虾"正好填补这个市场空档期。因此，养好"稻中虾"，市场价格高，效益也十分显著。

（3）"稻后虾苗"繁殖 "稻后虾苗"繁殖的时空耦合图见图 5-12，繁殖期在当年的 10 月至第二年的 3 月，持续时间长达半年。水稻收获后也有投放秋苗养殖冬季成虾的，但因市场和气候等因素，养殖风险很大，故不推荐秋冬季养殖成虾。而"稻后繁苗"是第二年"稻前虾"和"稻中虾"养殖苗种自给的关键。但必须实行养繁分离、转塘养殖。

实行养繁分区，如是自繁虾苗用于自养，一般用于繁殖稻后虾苗的田块面积占整个稻虾田面积的 20%，即繁养比为 2 : 8。其中，一半繁苗田选用当年养成的"稻前虾"作亲虾，用于繁殖第二年的"稻前虾"（早苗）；另一半选用当年养成的"稻中虾"作亲虾，用于繁殖第二年的"稻中虾"（晚苗）。如是专业苗种场，具体繁殖稻后虾苗的面积，应根据苗种订单，合理配置繁苗面积和早苗、晚苗的实际需求量，切忌盲目

繁殖造成虾苗压塘、效益受损。

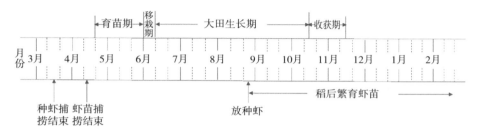

图 5-12 "稻后虾苗"繁殖的时空耦合图

早苗、晚苗的配置。繁殖虾苗的亲虾，一般选用当年养成的成虾，且必须性成熟。用隔年虾或者未成年虾繁苗的成功率极低。生产上的行家里手一般利用"稻前虾"做种繁殖早苗（3月出商品苗），利用"稻中虾"做种繁殖晚苗（4—5月出商品苗）。

亲虾选配与投放。种虾一般选择青壳的成虾，配种时用至少两个驯养种群的虾配组，在自然界露天繁苗时雌雄性比为 1.2∶1。亲虾投放前应先盐浴消毒，再试水后倾倒在水草上由其自行入水，同时应注意转塘繁殖，即在非亲虾培育的稻虾田繁殖虾苗，避免近亲繁殖。亲虾投放量一般为 50 千克/亩，最多不超过 75 千克/亩。繁殖早苗的亲虾投放期为 8 月底 9 月初，而繁殖晚苗的亲虾投放期为 9 月底 10 月初。

降水促亲虾入洞产卵。亲虾培育到 10 月底前后，结合水稻成熟期的到来，应持续缓慢降低水位。一则将稻虾田田面落干，便于机械收割；二则刺激小龙虾集中打洞产卵。

营造好边沟草带。小龙虾打洞位置一般选择在水花生草丛中，因此一定要种好、养护好用于繁苗的稻虾田边沟四周水花生等水草。亲虾基本不会选择在稻虾田田面上或边沟底部打洞。亲虾雌雄比如超过 1.2∶1，则应赶在小龙虾进洞穴前，制造好适量的人工洞穴，位置也应选择在正常的水位线上，洞穴深度至少要达到 60 厘米，洞穴直径达到 6 厘米左右。

水稻高茬收割。水稻成熟后应及时收割，收割时留高茬，并将粉碎后的水稻秸秆垒成垛，使其在田间呈条带式分布，以便种植水草。同时垒草垛还有两大益处：一是避免秋冬季大量秸秆同时泡水集中腐烂，导致水质败坏；二是严冬时节草垛成为在野外越冬的亲虾和仔虾的暖房，有利于小龙虾躲避严寒安全越冬。

种植水草。水稻收割后应及早在稻田秸秆的行间种植伊乐藻。在边沟种植水花生和伊乐藻，种植方式同"稻前虾"养殖。水草种好后应及时复水，并随着水草的生长和温度的逐步下降，适时提升水位。

水位、水质调控。水草种好后应及时向稻虾田注入清洁水源，布设好过滤网，杜绝野杂鱼入侵。水位随着水草的生长和水温的逐步下降而相应缓缓提升。到了第二年1—2月的严冬季节应提升到最高水位，达到田面60厘米以上。

破冰通氧。如果繁苗的稻虾田发生结冰现象，应沿着边沟四周将冰层敲破，避免小龙虾在洞穴中缺氧。

尽早捕获虾苗上市。回捕完亲虾后，应集中强化培育仔虾，促进虾苗种快速生长，使培育出的小龙虾苗种规格一致。尽早用小眼地笼捕获虾苗出售。大批量供应虾苗时可逐步降水至边沟，在边沟内用抄网或地笼集中抓捕。早苗一般在3月底捕捞，晚苗一般在4月底捕捞。

2. "一稻两虾"模式

"一稻两虾"是指在一个周年里，稻虾田可以收获一季水稻和两茬小龙虾。其形式大致有三种：一是收获两季成虾，如在水稻栽插之前养殖一茬"稻前虾"，水稻栽插之后再养殖一茬"稻中虾"；二是在水稻栽插之后养殖一茬"稻中虾"，然后在水稻收获前后通过投放种虾繁殖一茬"稻后虾苗"；三是在水稻收获前后通过投放种虾繁殖一茬"稻后虾苗"，然后在水稻栽插之前养殖一茬"稻前虾"。

（1）"稻前虾"＋"稻中虾"　"稻前虾"＋"稻中虾"的养殖，其时空耦合见图5-13。这是两茬成虾的养殖，养殖时间从3月到8月。不难看出，这两茬成虾在时间上都实现了错峰上市且避开了"五月瘟"的高发期。因为"稻前虾"早虾是3月底4月初投苗，上市期为4月底5月初，比通常集中上市期早约1个月；"稻中虾"晚虾是5月底6月初投

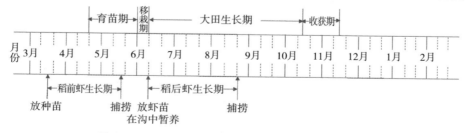

图5-13　"稻前虾"＋"稻中虾"养殖的时空耦合图

苗，7月底8月初上市，比通常集中上市期晚约1个月。因此，该模式养殖效益好。具体养殖技术参见前文"稻前虾""稻中虾"养殖所述。

（2）"稻中虾"＋"稻后虾"　"稻中虾"＋"稻后虾"的养殖与繁殖，其时空耦合图见图5-14。这种"一稻两虾"模式是指在稻田实现一年收获一季稻、一茬成虾和一茬虾苗。在时间上实行的是养殖晚虾、培育早苗或晚苗，也实现了错峰上市且避开了"五月瘟"，能够实现良好的经济效益。"稻中虾"养殖在5月底6月初投苗，7月底8月初上市，比集中上市期晚约1个月。具体养殖和繁殖技术参见前文"稻中虾""稻后繁苗"所述。

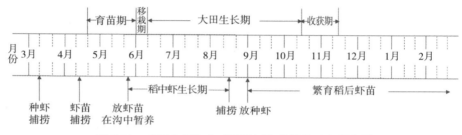

图5-14　"稻中虾"＋"稻后虾"养繁的时空耦合图

（3）"稻后虾"＋"稻前虾"　"稻后虾苗"＋"稻前虾"的繁殖与养殖，其时空耦合图见图5-15。这种"一稻两虾"模式是指在实现一年收获一季稻的同时，利用冬闲稻田繁殖一茬虾苗和养殖一茬成虾早虾。"稻后繁苗"是繁殖养殖"稻前虾"的早苗，亲虾8月底9月初投放，10月底抱卵孵化，第二年3月底出苗，比集中上市期早约1个月。"稻前虾"早虾养殖是3月底4月初投苗，上市期为4月底5月初，比集中上市期早约1个月。同样，早苗繁殖多少，应做好统筹规划，以防虾苗压塘，造成损失。具体繁殖和养殖技术参见前文"稻后繁苗""稻前虾"所述。

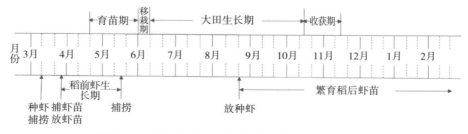

图5-15　"稻后虾"＋"稻前虾"繁养的时空耦合图

3. "一稻三虾"模式

"一稻三虾"是指稻虾田养虾的"顶级"模式,即在一个周年里,稻虾田可以收获一季水稻和三茬小龙虾(两茬成虾和一茬虾苗)。在水稻栽插之前养殖第一茬"稻前虾",在水稻栽插之后养殖第二茬"稻中虾",最后在水稻收获前后通过投放种虾繁殖第三茬"稻后虾苗",这在生产上比较多见。"一稻三虾"时空耦合图见图5-16。其具体繁殖和养殖技术参见前文"稻前虾""稻中虾""稻后繁苗"。

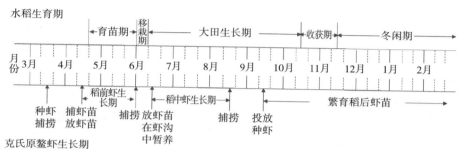

图5-16　"稻前虾"＋"稻中虾"＋"稻后虾"繁养的时空耦合图

这种"茬茬清"的"一稻三虾"高效绿色种养模式,彻底颠覆了抓大留小、自繁自育的传统稻虾模式,实现了周年稻田收获一季水稻、养殖"稻前虾"和"稻中虾"两茬成虾以及一茬"稻后虾苗"的目标,大幅降低了化学肥料和化学农药的使用量,有效提高了土地和水资源利用率以及小龙虾和稻米的品质,已成为很多地区实施乡村产业振兴的重要抓手。

四、江西省典型模式

无环沟稻虾综合种养是近年来江西省创新发展的一种典型模式。无环沟稻虾种养利用冬闲田的冬季和春季进行养殖,一般在2月底到4月底养殖一季小龙虾。其原理为:采用浅水升温办法,种草或不种草,充分利用稻秆腐殖质天然饵料,适量投喂饲料或黄豆促进小龙虾快速增长,养殖25天就可以出中青虾。水源充足,蓄水能力强的养殖单位可以延长(至5月底或6月上旬)养殖期,小龙虾单产量可达60~75千克/亩。主要技术要点如下。

(一)养殖技术

1. 稻田选择

应选择生态环境良好,水源充足、排灌方便、无污染、保水性能

好、不受洪水淹没、田块高差不大、相对集中连片的稻田。稻田土壤以壤土为主，田埂坚固结实不漏水，利用田土适当加高池埂，使稻田水位保持在 40 厘米以上，养殖小龙虾的稻田 2 月初之前要有水源，能将稻田水位加深到 20 厘米以上。

2. 田埂加高

根据稻田田块的特点，利用相对平整的田块做大田块，高差大的做小田块，就地取土加高养殖单元外围田埂，把单元外围田埂加到高 0.8 米、宽 0.8 米即可。

3. 防逃设施

在稻田周设置薄膜网片，高 40～60 厘米。养殖期延迟到 6 月的，必须设置防逃设施。

4. 进排水设施

进水管建在稻田一端的田埂上，排水管建在另一端的稻田底部，穿过外围田埂接入总排水渠。

5. 水草种植

2 月初上水 20 厘米，在田面种植水草，行株距为 10 米×10 米，种植水草种类为伊乐藻或菹草。可在水草根部位置点施磷酸二氢钙，每株草 0.1 千克，促进水草生根。

6. 虾苗放养

每年 2 月底或 3 月初，每亩放养 15～17.5 千克，规格 160～200 尾/千克。

7. 饲料投喂

日投喂量 3%，每天投喂一次，16:00 以后投喂，整个养殖期一般饲料投喂不超过 100 千克。

8. 肥水和加水

一般情况下一个星期加水一次，保持稻田水质清新。4 月以后，提高稻田水位到 40 厘米，水温 25℃以上，可以使用磷酸二氢钙肥水，培育浮游植物，增加水体溶解氧。

9. 捕捞

养殖 25 天后开始捕捞，以出中青虾为主。正常情况下整个养殖过程在 4 月底结束。延长养殖季节的稻田，要保持水草活力，水位保持在 50 厘米以上。

（二）早苗培育技术

无环沟养殖小龙虾核心技术为早苗培育。主要技术要点如下。

1. 育苗稻田

预留 10％～15％的面积作为小龙虾的育苗稻田，挖环沟，环沟面积不超过 10％。

2. 环沟消毒

种虾投放前 10 天，按照环沟水体体积每亩投放生石灰 30 千克消毒，保证环沟溶解氧充足。

3. 种虾放养

6 月投放种虾，必须是规格在 35 克以上的大虾，每亩投放 15～20 千克。要求投放的种虾最好是自己基地的，从其他地方采购必须遵循就近购买原则，而且采购的种虾在虾笼时间不超过 8 小时，最好是早上放虾笼，下午取虾笼。一般投放种虾时间选择连续晴天，确保种虾成活率。

4. 水稻品种选择

用于培苗的稻田，水稻品种一般选择生长期为 120 天以内的一季水稻品种，如湖南湘早。也可以选择种植一季的早中稻。

5. 晒田和上水

按照水稻要求晒田的同时，将环沟水位下降到 20～30 厘米，促进小龙虾打洞避暑，水稻收割后晒田，当水温 30℃以下时，开始加水到离田面 20 厘米。

6. 育苗

发现虾苗后，可以使用豆浆肥水，按体积算每亩每天投放 1.5 千克黄豆，连续投喂每周。或者使用氨基酸肥水膏肥水，每周一次。虾苗在环沟中培育半个月后加水到田面 20 厘米，进行虾苗冬季培育。

第六章

稻蟹综合种养

在稻田中养殖河蟹，稻蟹互生共利，既充分地利用稻田水域的生产力，将其转化为河蟹产量，又改善稻田土壤状况，提高水稻品质，节省成本。这一农业生态模式的可行性已为理论和实践所证明。

第一节 关键要素

一、环境条件

养蟹稻田应选择环境安静、水源充足、水质良好、无工业污染、进排水方便和保水性强的田块。土质要求以前未被传染病病原体污染过，具有良好的保水、保肥和保温的能力，还要有利于浮游生物的培育；土质要肥沃，以壤土为好，黏土次之。养殖水源是养殖的重要条件，要求上游没有污染源，水的盐度在2以下。

二、田间工程

（一）稻田工程

养蟹稻田以6～20亩为一个养殖单元为宜，大小方便管理且能够满足河蟹生长要求。

（二）环沟工程

养蟹稻田距田埂内侧60厘米处挖环沟。环沟上口宽100厘米，深60～80厘米。按照要求，环沟面积严格控制在稻田面积的10%以下（图6-1）。

（三）暂养池

选择临近水源的稻田、沟渠，按养蟹面积的10%～20%修建暂养池。暂养池设在养蟹稻田一端，或用整格的稻田，每亩稻田放1～2千

图 6-1　田间环沟工程

克大眼幼体，水深 20～30 厘米。暂养池四周应设防逃墙，进水前每亩按 200 千克施入发酵好的鸡粪或猪粪，进水后耙地时翻压在底泥中，农家肥不但可以作为水稻生长的基肥，而且还可以滋养淡水中的桡足类和枝角类（幼蟹的优质饵料）。耙地 2 天后每亩施入 50 千克生石灰清塘，注意暂养池和一般养殖池的区别是绝对不能投施除草剂，插秧后向暂养池内放入一些活的枝角类培养，作为蟹苗的基础饵料。有条件的地方最好移栽水草，有许多种类水草是河蟹良好的植物性饵料，如苦草、马来眼子菜、轮叶黑藻、金鱼藻、浮萍等，甚至刚毛藻对河蟹的栖息和觅食也有益处。水草多的地方，各种水生昆虫、小鱼虾、螺蚌蚬类及其他底栖动物的数量也较多，这些又是河蟹可口的动物性饵料。

（四）田埂

养蟹稻田的田埂应加固夯实，顶宽 50～60 厘米，高 60 厘米，内坡比为 1∶1。

（五）进排水

进、排水口应设在对角处，进、排水管长出坝面 30 厘米，设置防逃网套住管口，投放大眼幼体苗种时用 40～60 目筛绢网，投放扣蟹时用网目为 1 厘米以下的渔网。

（六）防逃设置

每个养殖单元在四周田埂上构筑防逃墙。防逃墙材料采用尼龙薄膜，将薄膜埋入土中 10～15 厘米，剩余部分高出地面 60 厘米。其上端用铁丝或尼龙绳作内衬，将薄膜裹覆其上，然后每隔 40～50 厘米用竹竿作桩，将尼龙绳、防逃布拉紧，固定在竹竿上端，接头部位避开拐角

处，拐角处做成弧形（图6-2）。

图 6-2　防逃设施

（七）防敌害设施

青蛙、水鸟和老鼠对幼蟹的危害很大，如在暂养池中发现，要立即清除或驱赶。

三、水稻种植

（一）稻种选择

选择抗倒伏、耐涝、抗病、产量稳定、米质优良且适宜当地环境的水稻品种。

（二）田面整理

要求田块平整，一个池内高低差不超过3厘米。土壤细碎、疏松、耕层深厚、肥沃、上软下松。蟹田每年旋耕一次。插秧前，短时间泡田，并带水用农机平整稻田，防止漏水漏肥。

（三）秧苗栽插

要求在5月底前完成插秧，做到早插快发。大面积采用机械插秧，通过人工将环沟边的边行密插，利用环沟的边行优势弥补工程占地减少的穴数。亩有效栽插1.35万穴左右。插秧时水层不宜过深，以2～5厘米为宜。每穴平均在3～4株，插秧深度1～2厘米，不宜过深（图6-3）。

（四）晒田

水稻生长过程中的晒田是为了促进水稻根系的生长发育，控制无效分蘖，防止倒伏，夺取高产。生产实践中总结出"平时水沿堤，晒田水位低，沟溜起作用，晒田不伤蟹"的经验。通常养蟹的稻田采取"多

图 6-3　水稻的栽种与管理

次、轻烤"的办法，将水位降至田面露出水面即可，也可带水"烤田"，即田面保持 2~3 厘米水进行"烤田"。"烤田"时间要短，以每次 2 天为宜，烤田结束随即将水加至原来的水位。

（五）施肥

应用测土配方施肥技术，配制活性生态肥或常规肥（当地习惯用肥），在旋耕前一次性施入 90％左右，剩余部分在水稻分蘖和孕穗期酌情施入。每次不得超过 3 千克/亩。

（六）水位控制

稻田水位应采取"春季浅，夏季满，秋季定期换"的水质管理办法。春季浅是指在秧苗移栽大田时，水位控制在 15~20 厘米，以后随着水温的升高和秧苗的生长，逐步提高水位至 20~30 厘米；夏季满是因为夏季水温高，昼夜温差大，因而将水位加至最高可管水位；秋季定期换水，严格地说是进入夏季高温季节后要经常换水，一般每 5~7 天换水 1 次，为了照顾河蟹的傍晚摄食活动，换水一般在上午进行。

（七）病虫害防治

病虫害防治参照《无公害食品　水稻生产技术规程》（NY/T 5117—2002）执行，不得使用有机磷、菊酯类、氰氟草酯、噁草酮等对河蟹有毒害作用的药剂。在严格控制用药量的同时，先将田内水灌满，用茎叶喷雾法施药，用喷雾器将药物喷洒在稻禾叶片上面，尽量减少药物淋落在田内水中。用药后，若发现河蟹有不良反应，立即采取换水措施。避开河蟹蜕壳高峰期施药。

（八）日常管理

每天至少早、中、晚三次巡池，观察记录蟹苗的活动情况、防逃墙和埝埂及进出水口处有无漏洞、饵料的剩余情况、池内的敌害情况，有条件的养殖户还要定期测量养殖池内的水温、pH、溶解氧、氨氮、亚硝酸氮等指标，并适时采取措施。

（九）水稻收割

收割水稻时，为防止收割水稻伤害河蟹，可通过多次进、排水，使河蟹集中到蟹沟、暂养池中，然后再收割水稻。

四、河蟹养殖

（一）稻田蟹种（扣蟹）培育

1. 蟹苗来源

蟹苗来源于有苗种生产许可证、苗种检疫合格、信誉好的蟹苗生产厂家。

2. 蟹苗质量

生产上采用"三看一抽样"的方法来鉴别蟹苗质量优劣：一是看体色是否一致，优质蟹苗体色深浅一致呈姜黄色，稍带光泽。二是看群体规格是否均匀，同一批蟹苗大小规格必须整齐（一般要求80％～90％相同）。三是看活动能力强弱，蟹苗沥干水后，用手抓一把轻轻一捏，再放在蟹苗箱内，视其活动情况。如用手抓时，手心有粗糙感，放入苗箱后，蟹苗能迅速向四面散开，则是优质苗。对于抽样检查，称1～2克蟹苗计数，折算成每千克蟹苗数量，一般每千克大眼幼体在14万～16万只为优质苗，16万～18万只为中等苗，超过18万只为劣质苗。

3. 运输

蟹苗用专用蟹苗箱运输。蟹苗装箱后，将其摊平，厚度以2厘米为宜，将最上面的箱体封死或用一空箱，把箱平稳放在运输车内；在运输途中，要保持湿度，可用湿毛巾或湿麻袋盖在苗箱上方和四周；要防止风吹、雨淋和曝晒，若运输时间超过1小时，还要向遮盖物适量喷水；运输途中温度要保持在25℃以下，若运输时间超过5小时，要采取降温措施，将温度保持在10～15℃；长途运输可采用保温箱、加冰降温等方式。运苗最好在夜间或阴天进行。

4. 蟹苗暂养

蟹苗一般要进行先期暂养，暂养密度以 2～3 千克/亩为宜；也可以直接放入养殖稻田，放苗密度以 0.15～0.2 千克/亩为宜。

5. 暂养池准备和管理

暂养池设在养殖田的一角或边沟，或用整格的稻田。设防逃墙，保持水深在 20～30 厘米。进水前施入腐熟鸡粪或猪粪 200 千克/亩，培育基础饵料。

（1）放苗方法　放苗时，注意蟹苗温度和养殖池的水温差不能超过 2℃，特别是经过长途运输，且运输过程中采取降温措施的蟹苗，更应注意防止温度的骤变。

（2）放苗过程　先将蟹苗箱放置池塘埂上，淋洒池塘水，然后将箱放入水中，倾斜让蟹苗慢慢地自行散开；如果有抱团现象，用手轻轻撩水成微流状，让苗散开。

（3）饵料投喂　蟹苗入池后的前 3 天以池中浮游生物为饵料，若水体中天然饵料不足，可捞取枝角类等浮游生物投喂。蜕壳变Ⅰ期仔蟹后，投喂新鲜的鱼糜、成体卤虫等，日投喂量为蟹苗重量的 100% 左右，日投饵 2～3 次，直到出现Ⅲ期仔蟹为止。Ⅲ期仔蟹后日投饵量为仔蟹总重量的 50% 左右，日投饵 2 次。投喂方法采用全池泼洒。

（4）水质调控　蟹苗下池后，视池水情况，逐步加入经过滤的新水，水深保持在 40 厘米以上。视水质情况每隔 5～7 天泼洒生石灰水上清液，调节 pH 保持在 7.5～8.0。

（5）日常管理　早晚巡池，观察仔蟹摄食、活动、蜕壳、水质变化等情况，检查防逃设施有无破损，发现异常及时采取措施。

6. 仔蟹放养和管理

蟹苗在暂养池长至Ⅲ～Ⅴ期仔蟹，规格达到 4 000～10 000 只/千克时，开始起捕，放入稻田进行扣蟹养殖。起捕采用进水口设置倒须网，流水刺激，利用仔蟹逆水上爬的特性起网捕获。在投放仔蟹前，将稻田中的水全部排干，用新水冲洗 1～2 遍后注入新水，水深 10 厘米。一般在稻田插秧 3 周后放仔蟹。

（1）仔蟹放养密度　仔蟹放养密度控制在Ⅴ期仔蟹 1.5 万～2.0 万只/亩。

（2）饲料投喂　饵料有植物性饲料、动物性饲料和配合饲料。植物

性饲料有豆饼、花生饼、玉米、小麦、地瓜、各种水草等；动物性饲料有杂鱼、螺蛳等。饲料的质量应符合 GB/T 13078 和 NY 5072 的规定。仔蟹入大田后 1 个月为促生长阶段，饵料要求动物性饵料占比在 40% 以上，或投喂配合饵料。日投喂量以仔蟹总重量的 20%～25% 为宜；其中 08:00 投喂 1/3，18:00 投喂 2/3。

以仔蟹入池 60～80 天为蟹种生长控制阶段，一般每天 18:00 投饵一次。前 20 天日投动物性饲料或配合饵料约占蟹种总重量的 7%，植物性饲料占蟹种总重量的 50%；以后改为日投动物性饲料或配合饵料约占蟹种总重量的 3%，植物性饲料占蟹种总重量的 30%。

仔蟹入池 90 天以后为蟹种生长的催肥阶段，要强化育肥 15～20 天，需增加动物性饲料、配合饵料及植物性饲料中豆饼等精饲料的投喂量，投喂量约占蟹种总重量的 10%。

河蟹投饵量应根据摄食、天气、水质及蜕壳情况等灵活掌握并调整。

7. 水质管理

蟹种养殖田水位一般在 10～20 厘米，高温季节在不影响水稻生长的情况下，可适当加深水位。养殖期间，有条件的每 5～7 天换水一次，高温季节增加换水次数，换水时排出 1/3 后，注入新水。每 15 天左右向环沟中泼洒生石灰，用量为 15～20 克/米³。

8. 日常管理

仔蟹放养后进入蟹种培育阶段，从夏季天气多变阶段到秋季收获前夕，都是河蟹逃逸多发期，应加强管理，勤巡查，坚持每天早、中、晚巡田。主要观察防逃布和进排水口的拦网有无损坏，田埂有无漏水，掌握河蟹活动、摄食、生长，水质变化，有无病情、敌害等情况，发现问题及时处理，并做好记录。

9. 蟹种起捕

稻田培育的蟹种一般在水稻收割前后进行捕捞。具体捕捞的方法有：一是利用河蟹晚上巡边上岸的习性，在池边挖坑放盆或桶。二是利用河蟹顶水的习性，采用流水法捕捞，即向稻田中灌水，边灌边排，在进水口装倒须网，在出水口设置袖网捕捞。三是放水捕蟹，即将田水放干，使扣蟹集聚到蟹沟中，然后用抄网捕捞，反复排灌 2～3 次。水稻收割后，可在稻田中投放草帘等遮蔽物，每天清晨掀开，捕捉藏匿于其中的蟹种。采用多种捕捞方法相结合，直至捕净为止。

起捕后的蟹种可直接销售或放入越冬池中越冬。

10. 蟹种冰下越冬

起捕后的蟹种可直接销售或放入越冬池中越冬。越冬有冰下池塘越冬和非冰封池塘越冬等方式，北方稻田养殖成的蟹种一般采用冰下池塘越冬。

越冬池塘面积一般为 5～15 亩，水深保持在 1.8～3 米，池塘要求不渗漏，有补充水源，最好是连片池塘。越冬前清除池底淤泥，用生石灰消毒，用量 200 千克/亩。然后进水，一次进足水量，达到越冬水位，然后用 80～100 克/米³ 的漂白粉（有效氯为 28% 以上）消毒。一般在 7～10 天后余氯即可消失，或者监测水中余氯达到 0.3 毫克/升以下时即可。越冬密度控制在 750～1 000 千克/亩，蟹种投入越冬池的时机以水温降到 8℃ 以下时为好。入越冬池前，蟹种要经过 50 克/米³ 的高锰酸钾溶液浸泡 3 分钟再捞出放入池中。越冬管理工作为监测溶解氧（DO），以 5～10 毫克/升为正常值，低于此范围则检查水中浮游生物种类和数量，用潜水泵套滤袋的方式抽滤水中浮游动物如枝角类和桡足类等，用挂袋施肥的方法增殖池水中的浮游植物；或用凿冰扬水或者控制冰面上雪层厚度和覆盖面比例的方法调整冰下光照抑制浮游植物生长。结冰前后要注意观察，采取措施防止乌冰大面积覆盖。冰层能够承载人和扫雪机械后，可以在冰面上及时清除积雪，调整冰下光照强度。同时在冰面上凿开冰眼，观察水色以及测量不同深度的温度变化和溶解氧，以便及时采取措施。春季融冰前后要注意池塘表面和底层的溶解氧变化及分层，避免局部缺氧事故的发生。

（二）稻田成蟹养殖

1. 蟹种来源

同蟹苗来源一样，蟹种应来源于有苗种生产许可证、检疫合格、信誉好的蟹种生产厂家。

2. 蟹种质量

选择活力强、肢体完整、规格整齐、不带病的蟹种；选择脱水时间短，最好是刚出池的蟹种；以规格为 100～200 只/千克的蟹种为宜。

3. 蟹种运输

蟹种运输必须掌握低温（5～10℃）、通气、潮湿和防止蟹种活动四

项关键技术。

具体方法是：在南方，将蟹种放入浸湿的蒲包内，蟹背向上，一般每蒲包装蟹种 15 千克左右，然后扎紧，放入大小相同的竹筐内运输；在北方，近距离运输直接用专用网袋运输，远距离的吊养后用泡沫箱加冰运输。扣蟹运输以气温 5～10℃时运输为宜，并要保持通气、潮湿的环境，24 小时内运输成活率可达 95％以上。

若蟹种经长途运输，应先在水中浸泡 3 分钟，提出水面 10 分钟，如此反复几次再投入水中。

4. 蟹种消毒

蟹种放养时用 20 克/米³ 高锰酸钾浸浴 5～8 分钟或用 3％～5％的食盐水浸浴 5～10 分钟。

5. 蟹种暂养和管理

4 月 20 日以前，将蟹种放入暂养池暂养，稻田耙地 3 天后放入稻田进行养殖。

（1）暂养面积　暂养池面积应占养蟹稻田总面积的 20％，暂养池内最好设隐蔽物或移栽水草，有条件的可利用边沟做暂养池。

（2）暂养密度　每亩不超过 3 000 只。

（3）暂养池消毒　暂养池在放蟹种前 7～10 天用生石灰消毒，消毒时加水至 10 厘米深，生石灰使用量为 75 千克/亩。

（4）暂养期管理　做到早投饵，坚持"四定"原则，投饵量占河蟹总重量的 3％～5％。主要采用观察投喂的方法，同时注意观察天气、水温、水质状况、饵料品种。饵料品种一般以粗蛋白含量在 30％的全价配合饲料为主。水质管理，7～10 天换水一次，换水后用 20 克/米³生石灰或用 0.1 克/米³ 二溴海因消毒水体，消毒后 1 周用生物制剂调节水质，预防病害。

6. 蟹种放养和管理

在水稻秧苗缓青后，将蟹种放入养殖田，蟹种放养密度以 500 只/亩为宜，暂养蜕一次壳后以 350 只/亩为宜。

①水质调节。养蟹稻田田面水深最好保持在 20 厘米，最低不低于 10 厘米。有换水条件的，每 7～10 天换水一次，并消毒调节水质；换水条件不好的，可以每 15～20 天消毒调节水质一次。7—8 月高温季节，水温较高，水质变化大，易发病，要经常测定水的 pH、溶解氧、

氨氮等，保证常换水、常加水，及时调节水质。

②投饵管理。河蟹配合饲料粗蛋白含量在 30％ 以上。配合饲料、动物性饵料、植物性饵料符合 GB 13078 和 NY 5072 的规定。

坚持"四定"投饵。投喂点设在田边浅水处，多点投喂，日投饵量占河蟹总重量的 5％～10％。主要采用观察投喂的方法，注意观察天气、水温、水质状况和河蟹摄食情况来灵活掌握投饵量。

投喂饵料品种：养殖前期一般以投喂粗蛋白含量在 30％ 以上的全价配合饲料为主，搭配投喂玉米、黄豆、豆粕等植物性饵料；养殖中期以玉米、黄豆、豆粕、水草等植物性饵料为主，搭配全价颗粒饲料，适当补充动物性饵料，做到荤素搭配、青精结合；养殖后期转入育肥的快速增重期，要多投喂动物性饲料和优质颗粒饲料，动物性饲料比例至少占 50％，同时搭配投喂一些高粱、玉米等谷物。

7. 日常管理

日常管理要做到勤观察、勤巡逻。每天都要观察河蟹的活动情况，特别是高温闷热和阴雨天气，更要注意水质变化、河蟹摄食、有无死蟹、堤坝有无漏洞、防逃设施有无破损等情况，发现问题及时处理。

8. 成蟹起捕

北方地区养殖的成蟹在 9 月中旬即可陆续起捕。稻田成蟹的起捕主要靠在田边用手捕捉，也可在稻田拐角处下桶捕捉。秋季，河蟹性成熟后，在夜晚会大量爬上岸，此时即可根据市场的需求有选择地捕捉出售或集中到网箱和池塘中暂养。这种收获方式一直延续到水稻收割，收割后每天捕捉田中和环沟中剩余河蟹，直至捕净。

五、病害防治

在河蟹育苗、养殖的过程中经常会有病害出现，成为限制河蟹养殖的因素，应当引起高度重视。危害河蟹养殖的疾病主要是细菌病、寄生虫病及其他环境因子引起的疾病，简要介绍如下。

（一）细菌病

1. 弧菌病

（1）症状　患病幼体主要表现为体色变浅，呈不透明的白色；摄食少或不摄食，肠道内无食物；发育变态停滞不前；活力明显下降，行动

迟缓，有些匍匐在池边。趋向反应不明显，有时呈昏迷状，之后腹部伸直失去活力，有些在池边死亡，有些下沉于水底而死。在河蟹育苗的各个阶段均有发生，尤以溞状幼体的前期为重。具有很强的传染性和高的死亡率，危害性很大。

（2）防治　该病的防治方法主要是彻底清池消毒，避免幼体受伤，保持水质清新，发病时适当减少投饵。

2. 烂肢病

（1）病症　病蟹腹部及附肢腐烂，肛门红肿，摄食减少或停食，活动迟缓，最后无法蜕壳而死。该病是在围捕、运输、放养过程中使蟹受伤或生长过程中敌害致伤感染病菌所致。幼蟹至成蟹的各个阶段都可能染有此疾病。

（2）防治

①在捕捞、运输及放养过程中小心操作，勿使蟹体受伤。

②用生石灰 10～15 毫克/升全池泼洒，连续使用 2～3 次。

3. 水肿病

（1）病症　病蟹的腹与胸甲下方交界处肿胀，类似河蟹即将蜕壳。用手轻轻压其胸甲，有少量的水向外冒。病蟹活动缓慢，拒食，呼吸困难，最终窒息而死。幼蟹至成蟹的各个阶段都可能染有此疾病。

（2）防治

细菌性的水肿病治疗方法：

①连续换水 2 次，先排后灌，每次换水量 1/3～1/2。

②泼洒漂白粉（2 毫克/升）。

③全池泼洒生石灰（10～15 毫克/升）。

④用大蒜拌食投喂 1 周，用量可为蟹重的 0.5%～1%。

毛霉菌引起的水肿病治疗方法：

①连续换水 2 次。

②泼洒漂白粉（2 毫克/升）。

③泼洒生石灰（10～15 毫克/升）。

另外在养殖过程中要小心操作，勿使蟹体腹部受伤。

4. 黑鳃病

（1）病症　病蟹鳃部受感染变色，病轻时左右鳃丝部分呈现暗灰色或黑色，病重时鳃丝全部变成黑色，病蟹行动迟缓，白天爬出水面匍匐不动，呼吸困难，俗称叹气病。轻者有逃避能力，重者几日或数小时内死亡。幼蟹至成蟹的各个阶段都可能染有此疾病，该病多发生在养殖后期，尤以规格大的河蟹易发生。此病多发生在 8—9 月，流行快，危害极大。

（2）防治

①注意改善水质，及时更换新水。

②定期清除食场残饵，用生石灰对食场或饵料台消毒。

③用漂白粉全池泼洒，使池水中漂白粉浓度达 1 毫克/升。

④预防时每 10～15 天用石灰水全池泼洒，使池水中生石灰浓度达 10 毫克/升；发病时用石灰乳泼洒，使池水中生石灰浓度达 10～15 毫克/升，连续泼洒 2 次。烂鳃细菌对酸碱度较为敏感，泼洒生石灰后池水 pH 一般可升至 8.5～9.1，能有效杀灭细菌或抑制细菌生长。

5. 腐壳病

（1）病症　病蟹步足尖端破损，成黑色溃疡并腐烂，然后步足各节及背甲、胸板出现白色斑点，并逐渐变成黑色溃疡，严重时甲壳被腐蚀成洞，洞内可见患病蟹的肌肉或甲壳内膜，患病蟹容易出现死亡。

（2）防治

①用生石灰彻底清塘，保持水质清洁，夏季经常加注新水，清除塘底淤泥。饲养期间，定期用生石灰全池泼洒，其浓度为 5～10 毫克/升。

②在捕捉、运输、放养等过程中操作要细致，使用工具应严格消毒，勿使河蟹受伤。

③治疗用漂白粉全池泼洒，使池水中漂白粉浓度达 1 毫克/升或用生石灰全池泼洒使池中生石灰浓度达到 10～15 毫克/升，连用 2 次，同时在饵料中加磺胺类药物，每千克饵料加药 1 克，连喂 3 天。

6. 颤抖病

（1）病症　病蟹出现胸肢不断颤抖、抽搐和痉挛等症状，腹肢无力，往往每动一下便抽动一次，有时步足收拢，蜷缩成团；鳃有时呈淡铁锈色或微黑色；多上草上岸，拒食，有时吐沫；病变严重处，组织细胞坏死崩解成无结构的物质。该病多发生在消毒不彻底的老蟹塘。高温季节，水质恶化，pH 低的水域尤多，扣蟹、成蟹都有，8—9 月为发病高峰期。温度在 28～33℃时流行最快，10 月后水温降到 20℃以下时该病渐为少见。

（2）防治　目前此病尚无特效药治疗，因此重点放在预防上。

①蟹种消毒，用 50 毫克/升的高锰酸钾浸泡 20～40 分钟。

②彻底清塘，老蟹塘或曾发生过颤抖病的蟹区要严格清塘消毒。

③做好养蟹水域水质管理。

（二）真菌病

1. 水霉病

（1）病症　真菌病比较常见的为水霉病，其病症为病蟹体表尤其是伤口部位生长着棉絮状菌丝，俗称"生毛"。菌丝长短不一，2～3 厘米，向内深入肌肉，蔓延到组织间隙之间。由于霉菌能分泌一种酵素分解组织，蟹体表受刺激后会分泌大量黏液。病蟹行动迟缓，摄食减少，伤口不愈合，导致伤口部位组织溃烂并蔓延，严重的造成死亡。幼蟹至成蟹的各个阶段都可能染有此疾病，主要因运输、操作不慎使蟹体受伤，继而使水霉菌入侵引起发病。

（2）防治

①在起捕、运输、放养等操作过程中勿使蟹体受伤。

②用 3%～5% 的食盐水浸洗病蟹 5 分钟，并用 5% 的碘酒涂抹患处。

2. "牛奶病"

（1）病症　体腔内被乳白色液体充斥，呈牛奶状，轻症个体抽取体液镜检或者利用菌落培养法可以检出，重症个体蟹壳污浊有白色或黄色暗斑，甚至附肢关节处有乳白色液体溢出，解剖后可见肝胰脏变成白色模糊状。患此病的蟹活力减弱，不进食，直至死亡。病因是一种真菌——二尖梅奇酵母侵染引起，这种酵母菌生长速度快，通过侵染河蟹肝胰腺、血液等组织，汲取细胞内营养而破坏正常的细胞和组织。此病可以通过河蟹食入病死蟹以及水体环境传播，水温较低时（4～15℃）传染率较高，成蟹养殖的春季发病较为严重，死亡率高。

（2）防治

①改善养殖环境。控制蟹种（扣蟹）冬储时的密度，不宜超过 1 000 千克/亩。养殖过程中，最好选择远离病害的稻田，如果使用连续养蟹的稻田，则采用秋季深翻冻底、春季泡田旋耕时投施生石灰（200千克/亩以上）的办法调理水质和底质。养殖过程中，禁止使用鲜杂鱼和腐臭的动物内脏，调整稻田内的环境，在暂养时栽种优质水草，蟹种分入稻田后切忌在稻田内突击施肥施药，避免因环境变化给养殖蟹带来

应激反应，导致其抗病力下降。

②严格检查。选择蟹种时，要经过严格的"牛奶病"筛查，最简单的办法是看活力和体色，遇到花盖或者体表污浊、活力差的蟹要及时解剖，发现内脏呈乳白色的蟹即为病蟹，最好是到专业的机构做病原鉴定，镜检观察法、菌落培养法、核酸检测法均可做出精准鉴定。养殖过程中也要认真观察，发现活力差的蟹及时解剖观察，一旦发现病蟹马上捞出并进行无害化处理，防止病蟹被其他蟹食入造成病害传播。对于养殖稻田的选择，尽量远离曾经发病的稻田。控制投苗密度，不超过 500 只/亩。

（三）寄生虫病

1. 固着类纤毛虫病

（1）病症　病蟹关节、步足、背壳、额部、附肢及鳃上都可附着纤毛虫类原生动物。对河蟹养殖造成危害的纤毛虫主要种类有聚缩虫、累枝虫、钟形虫、单缩虫等。固着类纤毛虫寄生使河蟹体表长满许多棕色或黄褐色绒毛，患病河蟹体表污物多，手摸病蟹体表和附肢有滑腻感。病蟹行动迟缓，食欲下降，乃至停食，终因营养不良、无力蜕壳而死。幼蟹至成蟹的各个阶段都可能染有此疾病。该病是由池水过肥，长期不换水，投喂量大、残渣剩饵不清除导致水质恶化，以及纤毛虫原生动物大量繁殖并寄生于蟹体所致。

（2）防治

①改善水体环境，排除 1/3 老水，泼洒生石灰，使池水中生石灰浓度为 10～15 毫克/升，连用 2 次，将池水透明度提高到 40 厘米以上。

②用硫酸铜、硫酸亚铁（5∶2）合剂全池泼洒，使池水中药物浓度达 0.7 毫克/升。

③用硫酸锌全池泼洒，使池水中硫酸锌浓度达到 0.3 毫克/升。

2. 蟹奴病

（1）病症　被蟹奴（一种寄生虫）大量寄生的河蟹，蟹脐略显肿大，揭开脐盖可见乳白色或半透明颗粒状虫体。病蟹生长缓慢，生殖器官退化。肉味恶臭，不能食用，蟹农称之为"臭虫蟹"。幼蟹至成蟹的各个阶段都可能染有此病，多见于成蟹并且雌体患病比例大于雄体。流行季节为 8—9 月。

（2）防治方法

①避免引进已感染蟹奴的蟹种。

②彻底清塘，杀灭蟹奴幼虫，常用药物有漂白粉、敌百虫等。

③更换池水，注入新淡水。

④用20毫克/升高锰酸钾或8毫克/升硫酸铜，浸洗病蟹10～15分钟。

（四）其他疾病

1. 气泡病

（1）症状　患病幼体在静水中浮于水面，游动缓慢；不久在其体表及体内出现许多气泡，在血腔及消化道内一起栓塞而致死。水中某种气体过饱和，都可引起幼体患病。

（2）防治　防止水中气体过饱和。当发现患气泡病时，应立即大量换入溶解气体在饱和度以下的清水，室内加温养殖，可同时稍降低水温，并轻微充气使过饱和的气体逸出。氧气过饱和引起的气泡病比较容易恢复。

2. 黑化症

（1）症状　患病幼体体色较正常幼体深而偏黑，且随着生长发育体色越来越黑。但在前期亦能正常变态，个体体积偏小，为正常幼体的2/3左右。最终因变态困难而死于溞状幼体Ⅴ期。

（2）防治　投喂活体饵料，改善育苗水质有较好的预防效果。

3. 着毛病（挂脏）

（1）病症　在河蟹的颊部、额部、步足关节上附着水棉（绿苔）等丝状藻类以后，使得河蟹行动缓慢，进食减少，如堵塞出水孔，易造成河蟹窒息死亡。一般5月底6月初易发生。

（2）防治

①忌用农田肥水。

②5—6月河蟹生长蜕壳的高峰期过后，用青灰（草木灰）遮挡2/3的池塘水面，使水棉缺少阳光而死，并将死去的水棉捞出。

③7—8月，用15毫克/升生石灰全池泼洒，通过提高pH抑制水棉滋生；10～15天后再用1次。

④用生石膏粉全池泼洒，浓度为25～30毫克/升，连用3次，每次间隔3～4天。

4. 肠胃鼓气病

（1）病症　病蟹消化不良，肠胃发炎，胀气；打开腹盖，体表清白；轻压肛门，可见黄色黏液流出。该病是由投饵不均或饵料变质，或投喂难于消化的饵料引起。

（2）防治

①定时投饵。

②投喂新鲜无霉变的饲料，饲料应投放在浅水滩处，隔日清除残饵，保持水质清新。

③在饵料中加入大蒜，每千克饵料中加入大蒜100克，连喂3次。

5. 脱壳不遂病

（1）病症

①黑壳蟹不蜕壳。病蟹壳呈灰黑色、坚硬钙化，不吃食，蜕不下壳，轻敲背壳，能打出一个空洞，内已长出一层新的软壳。

②长毛蟹不蜕壳。病蟹的甲壳、口器、眼窝等处长出厚厚的一层毛状物（原生动物及霉菌），毛上覆盖一层泥土及污物，整个蟹壳呈灰黄色或土黄色。

（2）防治

①定期用生石灰10～15毫克/升全池泼洒。

②科学投饵，补充营养。在饵料中添加适量的蜕壳素及贝壳粉、骨粉、蛋壳粉、鱼粉等矿物质含量较多的物质。

③创造适宜的蜕壳环境。调节水位，保持水位相对稳定，既要有浅水区，又要有深水区，栽培水生植物。

④调节水温。保持水温在19～28℃。

6. 急性中毒症

（1）**病症**　有毒因子在短时间内通过河蟹的鳃、三角膜入侵，使其背甲后缘胀裂出现假性"蜕壳"或河蟹的腹脐张开下垂，四肢僵硬而死。或者有毒因子在较短时间内，通过水草、人工饵料进入蟹体，经由胃、肠的血液循环，使河蟹内分泌失常，螯足、步足与头胸分离并死亡。

（2）防治

①蟹苗蟹种放养前，养殖池干水后每亩用100千克生石灰清塘。6—9月，用生石灰15毫克/升全地泼洒。

②生产期结束后，清除池底过多淤泥（保留5厘米）。

③在池中栽植水草净化水质。

④一旦出现此病症，马上更换新水。

⑤对蟹消毒或药浴时应避免用有机磷药物。使用硫酸铜或高锰酸钾时也应十分谨慎，其浓度不宜过大、消毒药浴时间不宜过长，必要时在用药后再换以洁净的新水。

7. 软壳病

（1）病症　河蟹旧壳脱落后，新壳甲壳形不正、不平或质软，很久不能硬化，病蟹通常出现食欲降低、活动差或无力、生长缓慢，极易遭敌害侵袭而死亡。

（2）防治

①泼洒生石灰（10～15毫克/升）。

②更换饲料，增加动物性饲料比例，特别是要补给活的或新鲜的动物饲料（鱼、肉等）。同时在饵料中拌和蛋壳粉、鱼粉和蚕蛹粉，适量添加一些食盐。

③尽可能做到饲料多样化，切忌单一。以全价营养为标准，这对幼体更为重要。

④光照与遮阳要适当安排，切不可全照全遮。

第二节　典型模式

一、辽宁"盘山模式"

采用"大垄双行、早放精养、种养结合、稻蟹双赢"的稻蟹综合种养技术模式，即"盘山模式"。水稻种植采用大垄双行、边行加密的方法，施肥采用测土施肥的方式，根据土壤特点制定施肥方案并将肥料一次性施入，病害防治采用生物防虫方法，养蟹稻田水稻不但不减产，还可以增产5%～17%；而且养蟹稻田光照充足、病害减少，减少了农药化肥使用，生产出优质蟹田稻米。河蟹养殖采用早暂养、早投饵、早入养殖田，加大田间工程、稀放精养、测水调控、生态防病等技术措施。河蟹可吃食草芽和虫卵及幼虫，不用除草剂，达到除草和生态防虫害的效果；同时河蟹粪便又能提高土壤肥力，养殖的河蟹规格大、口感和质量好。稻田埂埂上再种上大豆，稻、蟹、豆三位一体，立体生态，并存共生，土地资源得到充分利用（图6-4）。

图 6-4　辽宁"盘山模式"

（一）稻田选择与田间工程建设

1. 养蟹稻田的选择

选择水源充足、交通便利、排灌方便、水质无污染，符合渔业水质标准、保水力强、不漏水的田块。面积以 5～7 亩为宜。

2. 田间工程

田间工程包括开挖暂养池、蟹沟，加固稻田堤埂和构建防逃设施。

暂养池主要用来暂养蟹种和收获商品蟹。有条件的可利用田头自然沟、塘代替，面积 100～200 米²、水深 1.5 米左右。环沟一般在稻田的四周离田埂 1 米左右开挖，沟口宽 1 米，沟底宽 0.5 米、深 0.6 米。沟、溜水面占稻田总面积的 5%～10%。进排水口管道对角设置较好，水管内外都要用网包好，中间更换两次，网眼大小根据河蟹个体大小确定。

堤埂加固夯实，高不低于 50 厘米，顶宽不应小于 50 厘米。防逃设施同常规稻田养殖。沟、溜宜在插秧前开挖好，插秧后清除沟、溜内的浮泥。

3. 防逃设备

根据当地具体情况，通常选用农用塑料薄膜。建造方法同池塘养蟹。

（二）稻田种、养前的准备

1. 清田消毒

田块整修结束，每亩用 30～35 千克生石灰，加水后全田泼洒，以杀灭致病菌和敌害生物，并补充钙质。如为盐碱地田块，则应改用漂白粉消毒。

2. 施足基肥

应多施有机肥和生物肥，少用或不用化肥。

3. 暂养池移栽水草

暂养池加水后，用生石灰彻底清池消毒。插秧之前1~2个月在暂养池中先移栽水草，通常以栽种伊乐藻为佳。

（三）改革水稻栽培工艺——大垄双行

水稻栽插采用"大垄双行、边行加密技术"（图6-5）。以长28米、宽23.8米的稻田为例，常规插秧30厘米为一垄，两垄60厘米。大垄双行两垄分别间隔20厘米和40厘米，两垄间隔也是60厘米，为弥补边沟占地减少的垄数和穴数，在距边沟1.2米内，40厘米中间加一行，20厘米垄边行插双穴。一般每亩插约1.35万穴，每穴3~5株（如稻田内设暂养池，则待蟹种捕出后，用泥填平后再补插秧苗）。

图6-5 大垄双行、边行加密

（四）稻田蟹种放养与暂养池管理

通常规格为150只/千克的蟹种放养密度为500~600只/亩。蟹种先在稻田暂养池内暂养（暂养池蟹种密度不超过3 000只/亩），暂养池的消毒同池塘养蟹。暂养池要早投饵，投饵量按蟹体重的3%~5%，根据水温和摄食量及时调整；7~10天换水一次，换水后用20克/米³生石灰或用0.1克/米³二溴海因消毒水体，或用生物制剂调节水质，预防病害。强化饲养管理，待秧苗栽插成活后再加深田水，让蟹进入稻田生长。蟹种的消毒同池塘养蟹。

（五）水稻栽培管理

1. 养蟹稻田田水管理

养蟹稻田，田面需经常保持3~5厘米深的水，不轻易改变水位或

脱水烤田。

2. 病害防治

养蟹稻田水稻病害较少，一般不需用药。如确需施用，须选用毒性低的农药；准确掌握水稻病虫发生时间和规律，对症下药；用药方法要采用喷施，尽量避免农药散落地表或水面；施药前应降低水位，使蟹进入蟹沟内，施药后应换水，以降低田间水体农药的浓度；分批隔日喷施，以减少农药对河蟹的危害。

（六）稻田河蟹日常管理

1. 科学投饵

河蟹的投饵要"定季节、定时、定点、定量、定质"。

2. 调水质

稻田养蟹，由于水位较浅，要保持水质清新、溶解氧充足，就要坚持勤换水。水位过浅时要适时加水，水质过浓则应更换新水。正常情况下，稻田中水深保持 5～10 厘米即可。调节水质的另一个有效办法是定期施生石灰，既可调节池水的 pH，改良水质，又可增加池水中钙的含量。

（七）河蟹的捕捞与水稻的收割

通常在水稻收割前 1 周将稻田内的河蟹捕出。盘锦地区往往在国庆节前捕获商品蟹，在国庆节后收割水稻。

1. 河蟹的起捕

①利用河蟹夜晚上田埂、趋光的习性捕捞。

②利用地笼网具等工具捕捞。

③放干蟹沟中水进行捕捞，然后再冲新水，待剩下的河蟹出来时再放水。采用多种捕捞方法，河蟹的起捕率可达 95％以上。

2. 收割水稻

收割水稻时，为防止伤害河蟹，可通过多次进排水使河蟹集中到蟹沟、暂养池中，然后再收割水稻。

二、吉林"分箱式＋双边沟模式"

吉林在水稻生产全程机械化作业基础上，根据本地区"大垄双行"插秧模式配套机械少、全人工插秧成本高、大面积推广受到制约的问题，发展了"分箱式＋双边沟"稻蟹综合种养技术模式。其特点是水稻

种植采用分箱式插秧、边行密植、测土施肥和生物防虫害等技术方法；河蟹养殖采取挖双边沟、早暂养、早入田、早投饵，稀放精养、测水调控以及生态防病等技术措施，可实现稻蟹综合效益1 000元/亩，农药和化肥使用量减少40％以上，取得了较好的经济效益、生态效益和社会效益。

该技术模式包括稻田准备、田间工程、分箱式插秧、扣蟹放养、饲料投喂、日常管理、蟹病防控、捕蟹、育肥几个过程，具体操作如下。

（一）稻田准备

同辽宁"盘山模式"。

（二）田间工程

1. 筑田埂

田埂夯实，高50～70厘米，顶宽50～70厘米，底宽80～100厘米。

2. 挖双边沟

在田埂内侧挖边沟，边沟平行设置，在田块两侧，沟宽80～100厘米，沟深60～80厘米。边沟面积占田块面积不超过10％。挖边沟应在泡田耙地前完成。

3. 设置防逃设施

在稻田插秧后，扣蟹放养之前设置防逃墙。

（三）水稻栽培

1. 稻种选择

选择抗倒伏、抗病害、高冠层、中穗粒、中大穗型的适宜当地自然环境条件的品种，最好是当地培育的优良品种。

2. 稻苗培育

在选种的基础上，进行晾晒。选择适宜的温度浸种，注意药水的浓度和浸泡时间，清除未成熟颗粒。按照"稀播种、产壮苗"原则，苗床按每公顷播种34千克稻种培育壮苗。

3. 施肥打药

插秧前7天对苗床稻苗施磷肥每平方米100克，前3天对稻苗喷洒阿克泰防治稻象甲。稻田翻耕前施有机肥（或农家肥）15～22.5吨/公顷，将有机肥和农家肥埋入土壤表层。耙地两天后用生石灰（450千克/公顷）全田泼洒消毒，达到清野除害的目的。投放扣蟹后原则上不再施肥，如果发现有脱肥现象，可追施少量尿素，不超过45千克/公顷，确保水中氨氮不超标，保证扣蟹生长安全。施肥、打药要注意肥、药品种的选择和施用时间。

4. "分箱式"插秧

"分箱式"插秧是每栽植数行空 1 行的栽培模式（图 6-6）。根据当前水稻机械化插秧特点，栽植 12 行空 1 行作业最方便。空行可开掘为养殖蟹沟，为河蟹提供栖息、蜕壳和干旱时的庇护空间，既有利于通风透气透光，又有利于水稻生长。分箱式插秧机械化作业降低了生产成本，提高了生产效率，减轻了劳动强度，有利于规模化生产，规避了当前农业劳动力严重不足而耽误农时的风险。

图 6-6 "分箱式"插秧

5. 施药除草

选用高效低毒的丁草胺农药，按每公顷 1 500～2 250 毫升拌成 225～300 千克药土，均匀撒施田间，进行插前封闭。放扣蟹前 20 天和扣蟹入池后，不能再用农药除草，若有较大的杂草，可人工拔除。

（四）扣蟹放养

1. 扣蟹选择

选择规格整齐、活力强、肢体完整、无病且体色有光泽的 1 龄蟹种（规格为 120～160 只/千克）。

2. 扣蟹投放

选择进排水方便，与养殖稻田相邻的池塘，面积 5～10 亩为宜，池水深 0.6 米以上。池内最好设置隐蔽物或移栽水草。有条件的可以利用边沟做暂养池。

3. 暂养密度

根据要养成的规格调整密度，一般每公顷30 000～45 000只。最好在暂养池中达到2次蜕壳。

4. 暂养消毒

用3％～5％的氯化钠溶液浸泡消毒5～10分钟，然后放入池中。

5. 暂养期管理

扣蟹入池后投喂饲料。以动物性饲料为主，每天投喂2次，日投饲率15％；早晨投喂日投饲量的1/3，傍晚投喂日投饲量的2/3，根据吃食情况适当调整投喂量。扣蟹入池3天后根据水质情况适量调换水，每次换水量在1/4－1/3。注意不要让带有残余农药的水进入池中，换水量最好在10:00前后进行。坚持每天早晚各巡池一次，主要察看扣蟹活动是否正常，水质有无变化，防逃及进排水口有无漏洞，尤其是雨天更要注意观察，发现问题及时处理。

6. 放养时间

一般是6月上旬放养。待水稻秧苗返青后，把扣蟹放入稻田。

7. 放养密度

400～500只/亩。

（五）饲料投喂

选择优质的饵料进行投喂，包括植物性饵料、动物性饵料及优质配合饲料。

（六）投喂方法

同辽宁"盘山模式"。

（七）日常管理

同辽宁"盘山模式"。

（八）病害防治

水稻虫害防治以阿克泰药物为主，在插秧前3天，苗床用药一次防治稻象甲，插秧后25天和55天各用一次防治二化螟。水稻用药时粉剂宜在露水未干时喷洒；乳剂、水剂宜在晴天露水干后用喷雾器以雾状喷出，药物要喷洒在水稻的叶面上，避免直接落入水中。天气突变、闷热天气、下雨天时不能施用农药。施药时间应在晴天17:00前后。用药前通过排水将河蟹集中到环沟，用药后注水恢复原水位。在稻田养蟹过程中，容易出现腐壳病、肠炎病和烂鳃病等，应采取改善水质环境来预防病害的发生。一是每隔 20 天左右用生石灰每公顷 75～120 千克全田泼洒，注意用生石灰时要避开蜕壳期；二是发现腐壳病、肠炎病和烂鳃病等用百毒净治疗；三是每半月用光合细菌 15 克/米^3 泼洒全池，净化水质，减少病害的发生。

（九）捕蟹

方法同辽宁"盘山模式"。

（十）育肥

河蟹捕出后，根据肥满度情况，育肥 1～2 周。育肥期间保证水质清新，饲料投喂以动物性饲料为主，育肥密度 0.5～1 千克/米^2。

三、宁夏"蟹稻共作模式"

针对水稻生产和河蟹养殖特点，宁夏积极推广"河蟹早放精养、水稻宽窄插秧、种稻养蟹相结合、水稻河蟹双丰收"技术，按照"河蟹苗种池塘精心暂养、水稻河蟹田间科学管理、成蟹集中育肥销售"三个阶段，采用"河蟹早放精养、水稻早育早插、生物除草防病、产品提质增效"等核心操作方法，建立宁夏稻蟹生态种养技术模式。以宁夏"稻蟹共作模式"为例介绍其关键技术。

（一）稻田选择

稻田应远离城市和村庄，交通便利，水源充足，地势平坦，土质以黏土或黏壤土为宜，保水性强。每 0.66～3.3 公顷建成一个种养围栏单元。每个种养围栏单元可建成多个小田块。

（二）工程建设

每一个围栏单元中，稻田四周田埂应加宽加高，进排水口呈对角设置，用网片包裹；距埂边 100 厘米左右处开挖环田蟹沟，开口 60 厘米，底宽 40 厘米，沟深 5 厘米，环田蟹沟面积小于围栏单元面积的 10%。田埂四周用 60 厘米高的塑料薄膜作防逃设施，用竹桩和细绳作防逃围栏的支撑物。

（三）水质

水源水质应符合 GB 11607 的要求，养殖用水水质应符合 NY 5051 的要求。

（四）水稻种植与管理

1. 品种及育秧

应选择抗倒伏、抗病力强的优质水稻品种。采取旱育秧方法，秧苗

生长期 30 天以上，移栽时秧苗达到 3 叶或 3 叶 1 心。

2. 稻田平整及施肥

应做到早平地、早旋田、早泡田、多施底肥。底肥以有机肥、生物肥为主，底肥用量占稻田总施肥量的 80％。

3. 水稻插秧

按照生产季节早插秧。应采取"双行靠、边行密"栽培模式，株距 10 厘米，"双行靠"窄行距 20 厘米，宽行距 40 厘米，在蟹沟两侧 80 厘米之内的宽行中间加 1 行。每亩插秧穴数应不低于常规水稻插秧穴数。也可精量穴播。

4. 水质管理

养蟹稻田应定期加水，保持稻田水深 10～20 厘米。宜根据水质状况及时换水，换水量占稻田水量的 30％左右。

5. 追肥

水稻的返青肥、分蘖肥和穗肥应以有机肥和生物肥为主，辅以"叶面肥"。

6. 除草防病

稻田在插秧前进行除草。小型杂草由河蟹清除，大型阔叶杂草需人工清除。应加强水稻田间病害观测，发现病害及时正确防治。

7. 收获

水稻籽粒含水量在 19％～21％时，适时进行机械或人工收割。

（五）稻田扣蟹培育

1. 蟹苗调运与投放

（1）蟹苗选择 以原良种场繁育的蟹苗为主，蟹苗日龄达 6 天以上，淡化 4 天以上（盐度 3 以下），规格为每千克 16 万～18 万只；手握有硬壳感，活力强，呈金黄色，个体大小均匀。

（2）蟹苗调运 蟹苗调运时间以 6 月上旬为宜，采取包装箱低温运输，防止风吹、日晒、雨淋和干燥缺水。也应防止洒水过多，造成局部缺氧。

（3）蟹苗放养 蟹苗放养密度为 3.5～7.5 千克/公顷。将蟹苗箱打开升温至内外温差小于 3℃时，及时投撒蟹苗在稻田中，水深保持在 15 厘米以上。

2. 饲养管理

（1）饲料种类　植物性饲料有浮萍、豆粉等，动物性饲料有鱼糜、螺肉糜等，宜使用河蟹全价配合颗粒饲料。饲料质量应符合 GB 13078、SC/T 1078 的规定。

（2）投喂管理　蟹苗前期饲料应以稻田中的浮游生物饲料为主。Ⅱ期仔蟹后投喂饲料，日投饲率为 100％，每天 6 次；Ⅲ期仔蟹后，日投饲率为 50％，每天 3 次；Ⅴ期仔蟹后，日投饲率为 5％～20％，每天 2 次。饲料应均匀撒在稻田的四周。

3. 水质调控

稻田环田沟中定期使用微生物制剂及底质改良剂等进行水质调控，降解水体中的有毒有害物质。

（1）日常管理　同辽宁"盘山模式"。

（2）扣蟹起捕　在围栏边挖坑进行诱集捕捞。捕获的扣蟹分规格进行销售或池塘越冬。

（六）稻田商品蟹养殖

1. 春季扣蟹池塘暂养

（1）暂养池塘要求　池塘应靠近养蟹稻田，水源充足，进排水方便，交通便利，环境安静。池塘坡比 1 ：（3～4），池深 100～200 厘米，淤泥厚 5～15 厘米。放扣蟹前 15 天应进行消毒，前 7 天加过滤的新水 60 厘米。

（2）防逃设施建设　池塘进排水口设在池塘对角，用双层网片包扎。池埂四周用塑料薄膜设置防逃围栏，围栏高 50 厘米，池角围栏呈圆弧形。

（3）扣蟹池塘放养　以本地自育的扣蟹或外调的扣蟹为主，缓苗并消毒后放养，密度为 750～1 500 千克/公顷。

（4）饲养管理　投喂植物性饲料、动物性饲料和配合饲料。饲料呈块状，水中稳定 2～3 小时。每天投喂 2 次，日投饲率 3％～5％。

（5）水质调控　池塘水深前期应保持 60 厘米左右，逐渐加注新水，控制池塘水深在最适深度。使用增氧设备、微生物制剂以及底质改良剂等调控水质。

（6）扣蟹起捕　宜采用池塘降水、蟹笼捕捞的方法，装袋运输。

2. 稻田蟹种投放及田间管理

（1）扣蟹质量　扣蟹规格为每千克 80～160 只，体质健壮，附肢齐全，指节无损伤，无畸形，无寄生虫，无疾病。严禁投放性早熟的蟹种。

（2）扣蟹放养　水稻插秧后 10～15 天放养，扣蟹放养密度为每公顷 4 500～6 000 只。用食盐水溶液或高锰酸钾溶液浸浴、消毒后，将扣蟹放在田边，使其自行爬入稻田。

（3）饲养管理

①植物性饲料以豆饼、玉米、水草等为主，动物性饲料以螺蛳等为主，配合饲料按照河蟹生长营养需求购置。饲料质量应符合 GB1 3078、SC/T 1078 的要求。

②每天应按照"四定"原则进行投喂。

③饲料投喂应分为以下三个阶段：

第一阶段：5 月至 6 月，动物性饲料和全价配合颗粒饲料占 60%，植物性饲料占 40%，日投饲率从 5% 逐渐增加至 8%；

第二阶段：7 月至 8 月中旬，动物性饲料和颗粒饲料占 40%，植物性饲料占 60%，日投饲率为 10%～15%；

第三阶段：8 月下旬至 9 月上旬，动物性饲料和全价颗粒饲料占 80%，植物性饲料占 20%，日投饲率从 10% 逐渐减少至 8%。

④及时调节水质。

⑤日常管理。定期抽样进行生长测定，做好生产日志记录。

3. 捕捞育肥

（1）捕捞　9 月上中旬傍晚河蟹上岸爬行时，以人工捕捉为主，蟹笼张捕、灯光诱捕为辅。

（2）暂养育肥　宜采取池塘、网箱或在稻田中集中进行暂养育肥。饲料以杂鱼等动物性饲料为主，9 月日投饲率为 5%，10 月初至 11 月上旬日投饲率为 3%。投饲量根据天气、水温及河蟹吃食情况灵活掌握。

（七）病害防治

贯彻"预防为主、防重于治"的原则。对于河蟹病害防治，应注意要严格执行河蟹消毒、底质消毒和水体消毒。定期检查，发现蟹病及时对症治疗。药物使用应符合 NY 5071 的规定。对于水稻，应选用抗病、抗逆性强的品种。防治水稻病虫害，应选用高效、低毒、低残留农药。

常见病害及其药物治疗应符合 NY/T 5117 的规定。

四、宁夏"稻田镶嵌流水设施生态循环综合种养模式"

2018 年，宁夏将"宽沟深槽"稻渔综合种养技术和池塘工程化循环水养殖技术结合起来，把养鱼流水槽建设到稻蟹种养的环沟中，创新出"稻田镶嵌流水槽生态循环综合种养"新模式（图 6-7），即以 10 亩稻田为种养单元，在"宽沟深槽"环田沟内配套建设一个 22 米×5米×2 米的标准化流水槽。稻田中进行水稻和鱼、虾、蟹的综合种养，稻田中放养的蟹（鱼、鸭、泥鳅、鳖等）消除田间杂草，消灭稻田中的害虫，疏松土壤；稻田环沟中集中或分散建设标准流水养鱼槽，流水槽集约化高密度养殖鲤、草鱼、鲫等鱼类，养鱼流水槽中的肥水直接进入稻田促进水稻生长；水稻吸收氮、磷等营养元素净化水体，净化后的水体再次进入流水槽进行循环利用，形成了一个闭合的"稻-蟹-鱼"互利共生良性生态循环系统，实现了"一水多用、生态循环"，从根本上解决了养殖水体富营养化和尾水不达标外排等生态环境治理问题，减少了病害发生，提升了水稻和水产品的品质。

图 6-7 "集中式"和"分散式"稻田流水槽种养模式

　　试验研究表明，稻田镶嵌流水槽生态循环综合种养模式与单纯的池塘工程化循环水养鱼模式相比，养殖尾水净化率、水质优良率、水资源利用率均提高50%以上，水稻亩产量稳定在500千克以上，水产品产量提高7.8倍，贯彻落实了农业农村部提出的"稳粮、促渔、增效、提质、生态"的稻渔综合种养发展要求。

　　2019年，宁夏将"宽沟深槽"稻渔综合种养技术和陆基玻璃缸循环水养殖技术结合起来，开展"陆基玻璃缸配套稻渔生态循环综合种养"试验（图6-8），即每10～20亩稻田建设一个直径5米、深2.7～3.2米的圆形玻璃缸，圆形玻璃缸有效水体40米³。玻璃缸集中建设在稻田陆地岸边，玻璃缸主要养殖高附加值的名优鱼类，稻田种稻、养蟹（鱼），稻田中养殖的蟹、鱼、鳅等为稻田除草，利用稻田中的各种生物作为食物，玻璃缸的养殖尾水每天定期排放进入稻田，水稻降解氨氮、亚硝酸盐，吸收利用水体中的氮、磷，水体净化后循环到流水槽重复循环利用。新模式有效丰富和拓展了稻渔综合种养的发展内容和空间。

图6-8　陆基玻璃缸配套稻渔生态循环综合种养新技术

第七章

稻鳖综合种养

第一节　关键要素

中华鳖（*Pelodiscus sinensis*）又称为甲鱼、团鱼、水鱼，我国除宁夏、甘肃、青海和西藏外，其他各省份均有自然分布，尤以长江中下游以及广东、广西等地区为多。目前，稻鳖种养主要分布在我国南方地区。

一、环境条件

（一）地形

地形是养鳖场规划首先要考虑的因素。地形特点影响建场的规模，并进一步影响养鳖场内生产区、生活区及生产区内各类养殖池和辅助设施所占的面积、排布方式等；加温、供电、进排水等基础设施的布局也受到场地地形的影响。其中进排水设施一定要依照养鳖场内的地形特点进行合理设计，做到排灌顺畅、操作简便、节水、节能。应尽可能将养鳖池布置在保水性能较好、底质为黏土或沙壤土的地段，而且池塘要做好防渗处理。根据场内地形，还应在生产区内规划出一定面积的尾水生物净化区。

（二）土质

因为中华鳖养殖过程中保持水位比较重要，建池的土质以黏壤土为好，沙壤土次之，其他的土质则不适宜。如果稻田渗漏、保水性差，水位则无法维持，需要频繁加水。一方面会增加操作难度，另一方面频繁注水会导致水温不稳定，不利于中华鳖养殖。此外，黏壤土保水性和透气性好，渗透性差，有利于池中有机物分解、浮游生物繁殖和池塘水位保持稳定，能创造良好、稳定的养殖水质环境。酸性土壤或盐碱地也不宜建设养殖场。池底土质条件需符合《农产品安全质量　无公害水产品

产地环境》（GB/T 18407.4）要求。砖砌水泥池，若地理位置适宜，一般不计较土质条件。中性偏碱性土壤比酸性土壤更适合。

（三）水源

一般来讲，江河、湖泊、水库、地下水、工厂余热水，只要水质良好，水量充沛，均可作为养鳖水源。以无污染的江河水、湖水或大型水库水为好。

（四）水质

水源充足，pH 7.5～8.5 的无污染微碱性水质最为适合。稻田中溶解氧 3 毫克/升以上，氨氮含量小于 0.05 毫克/升。

二、田间工程

中华鳖喜静怕惊，喜阳怕风，进行养殖的稻田应当避开公路、喧闹的场所、噪声较大的厂区及风道口等，选择环境比较安静的区域，地势应背风向阳，避开高大的建筑物。稻田周边基础设施条件良好，水、电、道路以及通信设施基本具备，且电力供应有保障。

（一）稻田选择

进行稻鳖综合种养的稻田应具备以下条件：①稻田过于分散不利于规模化养殖和管理，进行稻鳖种养的田块最好连片分布，单个田块的面积越大越好，便于机械作业和节省人力物力，作为单个养殖单元的稻田面积以 10～15 亩为宜。②稻田周边需要有充足的水源。稻田综合种养不同于水稻单独种植，当引入水产动物后，要保证其在整个生长期内既不会因为干旱缺水导致死亡，也不会因为洪涝灾害导致逃离。在保证水源的基础上，种养的稻田应有良好的水利灌溉系统，便于灌水和排水。③水源的水质应符合国家渔用水源水质标准，水体 pH 在 7～8.5，水源周边无农药、重金属以及其他工业污染源。④稻田土质符合上文"环境条件"的要求。

（二）田埂加固

稻鳖种养田埂建设一般分为土埂和水泥田埂两类（图 7-1）。水泥田埂建设需要在田块四周挖深 30 厘米，浇灌混凝土防漏防逃。上面采用砖砌水泥封面，地面墙高 1.2 米，能保持水位 1 米。这类田埂坚固耐用，不仅可以蓄水，还可以起到防逃作用，但建设成本较高，适用于稻田租用期长、规模较大的种养殖区。

构建土埂的土质需要具备不渗水和漏水的特点，一般以黏土为好。

土壤需要打紧夯实，确保堤埂不裂、不垮、不漏水，以增强田埂的保水和防逃能力。土埂高度参照水泥埂，土埂坡度比以 1：（1～1.5）为宜。

图 7-1　田埂加固

（三）构建进排水设施

进排水渠宜分开设置，可用 U 形水泥预制件或者砖混凝土结构建成。进排水管道通常可以用直径为 20～40 厘米的水泥预制或塑料管道铺设而成。进水口和出水口成对角设置，进水口建在田埂上，排水口建在沟渠最低处，由 PVC 弯管控制水位，能排干池水，排灌方便。

（四）防逃、防敌害

土埂内侧宜用水泥板、砖混墙等进行护坡，防止土埂因为鳖的挖、掘、爬行等活动而受损。土埂的防逃设施可用塑料板、密网、塑料膜等材料围成，以简易为宜，具有投资少、易恢复的特点，但使用年份不长，需要经常维修和更换，适用于一般养殖户（图 7-2）。

图 7-2　防逃、防敌害设施

（五）稻田消毒

首次养鳖的稻田和长期养殖的田块都需要消毒。每亩用生石灰 150 千克干法清塘，清塘后表层土用拖拉机翻耕一次，曝晒消毒。

三、水稻栽培

（一）品种选择

不同稻作区由于地理位置、自然条件以及耕种方式等不尽相同，所种植的水稻品种繁多。但由于稻鳖综合种养的稻田里水稻生长环境发生了改变，所以选择适合稻鳖种养系统的水稻品种对于水稻稳产、高产十分重要。

水稻品种选择标准可参考以下要求：①选择分蘖能力较强的水稻品种。由于沟坑的挖建，减少不超过 10% 的种植面积，种植面积和植株的减少必然会影响水稻产量。种植分蘖能力强的水稻品种有利于提高水稻有效穗数，增加水稻产量。②选择耐肥抗倒伏的水稻品种。因为稻鳖共作的田块中，由于残饵和鳖以及其他混养品种排泄物的累积，一般土壤肥力较高，且种养结合过程中长期的高水位容易引起水稻后期倒伏。③选择抗病虫害能力强的水稻品种。稻鳖种养的稻田中由于有水产品的存在，一般不用药或者在病虫害爆发期难以控制时少量用药。所以根据当地生产实践，选择抗病虫害能力较强的品种种植为宜。④选择生育期较长的水稻品种。鳖的生长期在 4—10 月，水稻品种应选择生育期长、收获期在 10 月底或 11 月上旬的中迟晚熟水稻品种为宜，有利于延长稻鳖共生期，给鳖一个相对安静的生长环境。

根据以上要求，水稻品种以选用高产、优质、抗病、分蘖力强、耐湿抗倒伏的中迟晚熟粳稻品种为宜。根据生产实践，常规晚粳稻品种可选用嘉 58、嘉禾 218、秀水 134 等；杂交晚粳稻品种可选用嘉优 5 号、嘉禾优 555 等。

（二）水稻育秧

1. 晒种

在播种前将种子摊薄，于晴天晒两天，提高种子发芽率和发芽势。晒种可以促进种子后熟并提高酶的活性，促进氧气进入种子内部，以提供种子发芽需要的游离氧气，促进种胚赤霉素的形成以加快 α-淀粉酶的形成，催化淀粉降解为可溶性糖以供种胚发育之用。此外，晒种还可以降低发芽的抑制物质如谷壳内胺 A、谷壳内胺 B 等物质浓度，并可利用阳光紫外线杀菌。

2. 选种

选种是在播种之前，挑选饱满的种子的过程。可采用风选的方法去除杂质和瘪谷，再用筛子筛选，去除谷种中携带的杂草种子，避免移栽大田后的草害影响。

3. 浸种

水稻浸种就是种子吸水过程，可以提升种子中淀粉酶的活性，促进胚乳淀粉转化成糖为种子生长提供所需要的养分。浸种时间与稻种吸收水分速度有关，一般晚粳稻浸种 2～3 天，外界温度高时应缩短浸种时间。此外，水稻浸种时，需要对种子进行药剂处理来消灭种传病害，以防止谷种带病入田。水稻药剂浸种处理可以有效防治恶苗病、干尖线虫病等主要种传病害，并且能减轻水稻苗期纹枯病的发生。浸种药剂可用 25% 氰烯菌酯 3 毫升加 12% 咪鲜·杀螟丹 15 克，兑水 4～5 千克，浸稻种 5 千克，浸种 48 小时。浸种后的谷种需用清水洗干净。

4. 催芽

催芽是人为创造适宜的水、气、热等条件使稻种集中整齐发芽的过程。通过催芽可以使稻种出苗提前 3 天以上，出苗整齐，且成苗率提高 5%～10%。一般催芽要求在 2 天左右，发芽率达 85%。催芽后用丁硫克百威或吡虫啉拌种，可防治稻蓟马、灰飞虱等虫害，丁硫克百威还有驱除麻雀、老鼠的作用。具体方法为稻种浸种催芽（破胸露白）后每 5 千克种子加 35% 丁硫克百威种子处理干粉剂 20～30 克，或加 25% 吡虫啉可湿粉 10 克拌匀晾干，30 分钟后播种。

5. 播种

一般手插秧单季晚稻秧田播种量常规稻为 3～4 千克/亩，杂交稻为 1.5～2 千克/亩。播种时间一般在 5 月上中旬为宜。工厂化育秧及旱育秧、机械插秧，应用塑料硬盘育苗（58 厘米×28 厘米），一般常规晚粳稻每盘均匀播破胸露白芽谷 120～150 克，杂交晚稻播 80～100 克。压籽覆土后浇透水，放置于秧田中育秧。

（三）秧田准备

秧田要选择土质松软肥沃、田平草少、避风向阳、排灌便利的田块。播种前要耕翻晒垡，施足腐熟基肥，耙平耙细，秧田要平整水平、

上虚下实、软硬适度。一般秧田宽 1.5～1.7 米，沟宽 20 厘米，周围沟深 20 厘米。

（四）水稻移栽

1. 移栽前准备

当年在水稻收割后及时翻犁，翻埋残茬，第二年在水稻栽前再进行犁耙，达到田面平整。底肥坚持有机肥为主，氮磷钾肥配合施用。栽前结合稻田翻犁每亩施用有机肥 1 500～2 000 千克，结合耙田每亩施尿素 15～18 千克，钾肥 8～10 千克，用作底肥。单季晚稻育秧机插的秧龄一般为 15～18 天，手工插秧的秧龄一般为 20～25 天。常年种植水稻的田块一般每亩种植 0.8 万～1.1 万穴，每穴 2～3 株基本苗。没有种过水稻的鱼池改为稻田后，由于肥力过高应以少本稀插为主，每亩以 5 000 穴为宜。

2. 移栽

秧苗移栽是水稻种植的关键环节之一，方法主要有人工插秧和机械插秧两种，其中机械插秧具有速度快、成本低的优点，适宜作为第一选择（图 7-3）。秧苗移栽时，田面水深以 2～3 厘米为宜，土质软硬适中，插播深度上机插一般在 2 厘米，手工插秧一般在 1～1.5 厘米。稻鳖综合种养的稻田由于需要建设沟坑导致插播面积减少，可以在沟坑周边适当密植，以充分利用水稻的边际效应，保障水稻生产。

图 7-3　机械插秧

（五）水稻管理

水稻移栽后，进入大田管理阶段。大田管理主要包括返青期、分蘖期、拔节分蘖期和抽穗结实期等几个阶段的管理。

（1）返青期　主要任务为保持合理的水位，做到浅水促分蘖。对于插秧的秧苗，在水稻移栽初期水位要适当浅一些，这可以提高稻田中的温度，增加氧气，使秧苗的基部光照充足，有助于加快秧苗返青。

（2）分蘖期　主要任务为促进水稻早分蘖、多分蘖，是水稻高产稳产的关键期。在移栽后5～7天施肥，每亩用尿素10千克、复合有机肥20～30千克，促进有效分蘖。对于肥力较好的田块可以根据情况少施或者不施。

（3）拔节孕穗期　主要任务包括水位管理和穗肥施加。在此生长阶段，气温较高，水分蒸发量大，水稻需水量大，要以灌深水为主，水位一般为15～20厘米。同时幼穗分化期也是水稻需养分的高峰期，稻鳖综合种养田块可以根据田块实际肥力来决定施肥，如需要，则每亩可施3～4千克尿素。

（4）抽穗结实期　抽穗结实期是谷粒充实的生长期，也是水稻结实率和粒重的决定期，主要任务为水分管理。一方面田里需要有充足的水分满足水稻需求，另一方面长时间深水位往往会使土壤氧气不足，水稻根系活力下降。因此灌溉要"干干湿湿"，如土壤肥力不足则需要及时补肥。到水稻进入黄熟期则需要排水搁田，缓慢排水，鳖此时会爬入暂养池。在收割时需做到田间无水，收割机械方可下田工作。

（六）水稻病虫害及防控

水稻主要病害有稻瘟病、纹枯病、稻曲病等，主要虫害有稻飞虱、稻纵卷叶螟、稻螟等。其中，稻瘟病、纹枯病、稻曲病这三种病发生地域广、流行频率高、危害程度高。

在稻鳖综合种养稻田中，水产养殖动物摄取水稻中的害虫可以显著降低害虫密度。但由于水产养殖品种的存在，水稻的病虫害防治不能按照常规稻田的传统方法用药，用生态方法控制水稻病虫害显得尤为重要。在水稻病虫害防治上，必须坚持"预防为主，综合防治"的工作方针，以种植抗病虫品种为中心（例如浙江地区可选择嘉58、甬优538、嘉禾218等），采取以健壮栽培为基础，药剂保护为辅的综合防治措施。具体措施包括：①加强田间调查，掌握病虫害发生情况。②选用抗虫品种、培育壮秧、合理密植、合理施肥、科学灌水。③及时清除遭受病虫危害的植株，减少田间病虫基数。④水稻收获后及时翻耕稻田，冬季清除田间及周边杂草，破坏病虫害越冬场所，降低第二年病虫害基数和病

虫害发生率。

尽管在稻鳖综合种养模式中水稻病虫害发生率较低，但有时遇到气候和环境等变化也会发病，此时在使用农药时要尽量选用生物农药，如Bt乳剂、杀螟杆菌、井冈霉素等，可以对稻纵卷叶螟、稻螟、水稻纹枯病菌等起到较好的防治效果。一般稻鳖共生田块采用上述生态调控技术和生物农药制剂就能达到理想的病虫控制效果，不需要使用化学农药。化学农药仅为稻鳖共生模式虫害大暴发时的救灾应急储备药剂，在选择化学农药时也应选择高效低毒农药，以防止水产动物受到较大影响。

（七）收割

水稻收割（图7-4）可采用人工或机械收割，其中机械收割速度快且成本低，适宜作为第一选择。在收割时需做到田间无水，收割机械可下田工作。

图7-4　水稻收割

四、中华鳖养殖

（一）品种选择

鳖是稻鳖综合种养模式中的主要水产养殖对象，在我国养殖的中华鳖品种不多，可选择的种类不多（图7-5）。根据调查，目前比较适合稻鳖综合种养的品种包括传统中华鳖地理群体中的太湖群体、洞庭湖群体和黄河群体，中华鳖日本品系以及国家审定的中华鳖新品种浙新花鳖等。在进行稻鳖综合种养时，要根据品种特点、当地环境条件以及市场销售情况进行选择。

（1）太湖群体　当地俗称太湖鳖、江南花鳖，主要分布在太湖流域的浙江、江苏、安徽和上海一带。其表型特征为背部体色油绿，有对称的黑色小圆花点，裙边宽厚；腹部有黑色的块状花斑。具有生长较快、色泽艳、肉质好、抗病力强等特点，深受消费者喜爱，目前在江苏、浙江和上海一带养殖较多。

（2）洞庭湖群体　当地俗称湖南鳖，主要分布在湖南、湖北和四川部分地区。其特征为体薄而宽大，裙边宽厚；背部后端边缘具有突起纵向纹和小疣突；腹部稚鳖期呈橘红色，成鳖期腹部白里透红，可见微细血管，无梅花斑、三角形斑及黑斑。

（3）黄河群体　当地俗称黄河鳖，主要分布在黄河流域的甘肃、宁夏、河南和山东境内，其中以宁夏和山东黄河口的品质为最纯，其外表有三个明显的特征："三黄"，即背甲黄绿色、腹甲淡黄色、鳖油黄色。因其分布于黄河流域和我国北部地区及中部盐碱地带，故其环境适应能力强，在养殖生产中表现为抗逆性强、病害少。

（4）中华鳖日本品系　由杭州萧山天福生物科技有限公司和浙江省水产引种育种中心联合培养的中华鳖新品种。其表型特征为体扁平，呈椭圆形，雌体比雄体更近圆形，裙边宽厚；背部呈黄绿色或黄褐色，背甲表面光滑，无隆起，纵纹不明显，中间略有四沟；腹甲呈乳白色或浅黄色，腹甲中心有1块较大的三角形黑色花斑，四周有若干对称花斑，

图 7-5　适于稻田种养的主要中华鳖品系

以幼体最为明显，腹部黑色花斑随着生长逐渐变淡。与其他中华鳖相比，中华鳖日本品系繁殖量大、生长快、抗病力强，养殖过程中很少发生病害，因此养殖成活率高、产量高。

（5）浙新花鳖　浙新花鳖是由浙江省水产引种育种中心和浙江清溪鳖业有限公司联合选育而成的中华鳖新品种。其特征为背部呈灰黑色，有黑色斑点；腹甲呈灰白，有大块黑色斑块，并散布有点状的黑色斑点。与其他中华鳖相比，浙新花鳖生长快，抗病力强，一般情况下，养殖成活率可达 85%。

（二）鳖种培育

稻鳖综合种养中放养的鳖种，既可以从专业的养鳖场采购，也可以自己孵化培育。对于养殖规模较小、比较分散的养殖户，从外采购鳖种比较适合，相对来说简单且省心省力，但成本相对较高，而且鳖种会有擦伤或将病原体带入的风险。对于稻鳖综合种养示范园区，具备一定规模且有条件的养殖户以自己孵化培育为优。

（三）亲鳖池建设

亲鳖池应建在室外，要求向阳背风、安静，环境与自然相近。在场外种一些阔叶树或高秆植物（如向日葵等），创造隐蔽、幽静的产卵环境。亲鳖池面积一般较小，单个池面积 50～150 米²，池深 1.3～1.5 米，水深 1～1.3 米，池底软泥或沙泥均可，厚度为 20～30 厘米。亲鳖规格以 2～3 千克为宜，每平方米可放养一尾。雌雄放养比例以 5：1 较为适宜。亲鳖的饲料要营养丰富而全面，除用配合饲料外，还要投喂鲜鱼、田螺、蚯蚓、蔬菜等，并添加复合维生素，日投配合饲料为体重的 0.3%～0.5%。

（四）产卵场建设

产卵场可在亲鳖池坐北向南一边修建，产卵场必须高出最高水位 0.5 米以上。池面到产卵场建有斜坡，坡比为 3：1。产卵场应设防雨棚，这样利于鳖雨天产卵和采卵，防止鳖卵因雨淋而影响孵化。在池的四周除设置产卵场的一边外，其余三面不露土或铺以硬质路面，以防止亲鳖分散产卵。

（五）鳖卵挑选

鳖卵的好坏要根据受精点是否明显和清晰进行判断。在鳖卵顶端（动物极）有一团形的白点，即受精点，可根据鳖卵的受精点将鳖卵分为有未受精卵、弱受精卵和受精卵。鳖卵动物极无白点，颜色与周边的颜色无区别，为未受精卵。鳖卵动物极虽然有白点，但白点边际不清晰，则为弱受精卵。需要剔除未受精卵和弱受精卵。鳖卵动物极受精点明显、清晰，则为正常的受精卵。白点的大小随受精时间的不同而异，时间越长，白点就越大。质量好的鳖蛋白点明显，白点周边清晰且孵化率高。此外，鳖卵的规格也与鳖苗质量关系密切，其大小与孵化的稚鳖大小直接相关，而稚鳖的大小、强壮影响鳖种的培育规格和成活率。鳖卵的重量与孵化出的稚鳖的重量之比为1：（0.70～0.78）。在选购鳖卵时尽量要选购规格大的，一般在4.0克/个以上，孵化出的稚鳖个体为3.0～4.5克/只（图7-6）。

图 7-6 鳖卵及稚鳖

（六）孵化床及孵化基质准备

鳖卵孵化床一般长为55厘米，宽为45厘米，深为10厘米，每个可放受精卵约320枚。常用的孵化床有木质和塑料两种。孵化床用的基质一般有沙、海绵和蛭石等。海绵重量轻，透气性好，但水分较易挥发且不易控制。用沙作孵化基质，孵化的温度和湿度相对稳定，但孵化床较重，不容易操作，如出现水分过高、沙结块的情况，透气性下降，会造成胚胎死亡。蛭石重量轻，保温、保水性能较好，目前用得较多。

（七）孵化条件

温度、湿度和通气性是决定孵化率的关键因素。鳖卵的孵化温度为22～37℃，最适合的温度为28～33℃。湿度与孵化床的透气性密切相关，而发育的胚胎需要呼吸空气中的氧气才能生存，一般孵化场所的空气湿度控制在75%～85%，孵化床基质的湿度控制在5%～8%，操作

时手捏基质成团，手松散开（图7-7）。

图7-7　鳖卵孵化室

（八）种苗培育

鳖种的培育是稻鳖综合种养的关键环节之一。首先收集孵化出的稚鳖，在小池或塑料大盆中暂养，用粉状稚鳖饲料进行驯食，2～3天后稚鳖脐带收齐、卵黄囊吸收，随后即进入鳖种的培育阶段。在此主要介绍保温大棚培育和稻田培育两种鳖种培育方法。

1. 保温大棚培育

保温大棚培育的核心是利用大棚保温性来延长鳖种的生长期，从而培育出较大规格的鳖种。利用不加温大棚培育鳖种已经成为稻鳖综合种养中鳖种的主要来源之一，其具有以下优势：①作为变温动物，鳖生长发育的最适水温在15℃以上，当水温降到22℃以下时，鳖停止进食。而保温大棚利用大棚的透光性，可有效吸收阳光保温，一般情况下可延长鳖种生长期1.5～2个月。②通常情况下，最后一批鳖卵孵化出的幼苗已接近停食季节，如直接放养在稻田等室外区域，中成活率较低。通过保温大棚可以延长1个月左右的生长期，在鳖进入冬眠时，规格可达10～20克，能大幅度提高越冬成功率。③与温室大棚相比，保温大棚不需要安装加热系统和调水池，结构简单且建设成本低。④保温大棚仅利用自然条件保温以延长生长期，并不加温，在冬季鳖也会进行冬眠。同时，养鳖池一般为土池，这样鳖种的生长环境与稻田相近，可以提高稻鳖综合种养时鳖种的成活率。

（1）稚鳖投放　宜选用重量在 3.5～4.0 克、体表无擦伤、行动敏捷的稚鳖养殖。稚鳖投放密度要根据保温大棚的基础条件、培育时间、稚鳖投放规格和目标培育规格确定。如果要培育规格为 100～200 克的鳖种，则需要在大棚内培育 1 年左右，在这一情况下，若大棚条件好，一般每亩放养量在 1.5 万～2.0 万只，条件一般则放 1.0 万～1.5 万只，土池大棚放 0.8 万～1.0 万只。如果要培育规格在 400～500 克的大规格鳖种，一般在大棚内的培育时间约为 2 年，在培育过程中可先一次性放养，到中期再进行分养。分养后的放养密度要根据规格大小而定。条件好的大棚，放养规格在 150 克以上的，每平方米放 7～8 只；规格在 150 克以下的每平方米放 10 只左右。对于土池大棚，放养密度要适当下降。

（2）饲料投喂　目前在中华鳖养殖中提倡使用膨化颗粒饲料。一方面与传统粉料相比，颗粒饲料在水中不易失散而污染水质，另一方面可以提高鳖对饲料的利用率。鳖的日投饲率要根据鳖的规格和水温的变化来调整。稚鳖放养初期的日投饲率在 4%～5%，后期减少到 1%～2%。当水温下降时，投喂量也随之下降，直至停止投喂。一般水温在 28℃ 以上时，稚鳖饲料的投喂以预定的日投喂量投喂；当水温下降至 25～28℃ 时，日投喂量应下降到预定日投喂量的 70%～80%；当水温下降到 22～25℃ 时，则为预定日投喂量的 50% 左右；当水温低于 22℃ 时，停止投喂，打开大棚顶端以增加光照越冬。每日投喂的饲料量应根据日投饲率和稚鳖体总重量计算，结合鳖的摄食情况确定。膨化颗粒饲料的投喂要在固定场所，每个鳖池可根据面积大小设置 1～2 个投饲台（框），每个面积在 10～15 米²。

（3）水质管理　保温大棚换水较少或只补水不换水，一般以保持水质的良好和稳定为主。当鳖池水开始变黑且出现氨味时，需要注入新水或者适当进行换水，具体根据室外水温操作。当室外水温在 25℃ 以上时可大量换水或注入新水；水温在 20～25℃ 时，可少量换水或补水；当水温低于 20℃ 时不换水。注意室内外水温差以不超过 3℃ 为宜。饲养期间，每隔 15～20 天可用 20 毫克/升的生石灰化浆后全池泼洒，可以起到杀菌消毒与水质改良的双重作用。此外，在鳖池内种植水葫芦、水花生和浮萍等水生植物，可通过水生植物吸收水中的营养物质。水生植物的种植面积控制在 1/3 左右。由于养殖池内鳖数量多，排泄物也多，

需要充分曝气来增加水中溶解氧，从而加快有机物分解。养鳖池要配备水面增氧机和底部增氧机，每亩功率1～1.5千瓦，并在投饲期间不间断充气，池中的溶解氧要保持在5毫克/升以上。

（4）分养或出池　在保温大棚中的稚鳖经过一年左右的养殖，其规格可达100～200克，此时可以分养继续培育或直接起捕，然后作为幼鳖种放入稻田中养殖。对于分养后继续培育至大规格的鳖种，分养时间宜设定在大棚开始重新覆盖、鳖开始苏醒时。具体分养时间各地有所不同，在长江流域一般在3月下旬到4月初。

2. 稻田培育

刚孵化出的稚鳖在经过暂养驯食、脐带收齐和卵黄囊吸收后即可放入稻田中培育成幼鳖种。稻田培育幼鳖种一般以培育小规格的为宜。幼鳖种培育模式虽然受自然条件制约，养殖周期长，鳖受天敌危害风险较大，但由于不需要建设大棚温室和养鳖池，投资少，仍然为养殖户尤其是规模不大的养殖户所采用。

（1）稻田准备　培育幼鳖种的稻田除了要做好进排水沟渠、田埂加高加固等田间工程外，必须要建好培育池。培育池可在原有开挖的沟、坑基础上适当扩大与整修。一般选择面积较大的稻田，开挖沟坑（不超过稻田总面积的10%）作为专用培育池。专用培育池要有一定的深度，通过下挖上抬的方法使培育池能保持水深0.8～1.0米。由于稚鳖个体较小，逃逸能力强，特别是在下雨天可从防逃围栏的四角、围栏接缝处、底部的漏洞中逃逸。因此，培育池要用塑钢板四周围住，塑钢板高40～50厘米，底部理入土中15厘米，四角呈圆弧形，防止幼鳖逃逸。此外，稚鳖个体稚嫩、规格小，天敌较多，例如白鹭、苍鹭、蛙、老鼠和蛇等。特别是近几年来随着生态环境的改善与动物保护，白鹭、苍鹭等大量增加，特别是在养殖密度较高的条件下，对养殖在露天稻田中的稚鳖杀伤很大。据统计，一只成年白鹭可一次性捕食40余只稚鳖。因此，除了四周用塑钢板或其他光滑的材料围起来外，还需要在培育池或在投饲台（框）上方搭建大网目的鱼网，可有效防御白鹭等天敌。

（2）稚鳖放养与分养　放养前，需要对培育池消毒，每平方米需用生石灰150～200克，杀灭池中的病原体、有害动物及其幼体和卵。在稻田中放养稚鳖要根据稻田条件适当控制放养密度，条件较好的稻田，一般每亩放养5 000～6 000只。提早放养的稚鳖，一般75天左右的培育后，大多数个体的规格在 30～50 克。在稻田培育池中再养殖一年后，多数个体可达 150～200 克，可以作为稻田养殖的鳖种分养出田，用于稻田的成鳖养殖（图 7-8）。

图 7-8　稚鳖筛选和投放

（3）饲料投喂　投喂膨化颗粒饲料需要根据稚鳖规格大小选择合适的颗粒大小，一般选择 2 号料或者 3 号料。投喂饲料时，将饲料投在设置于培育池中的投饲台上，每日投喂两次，上、下午各一次。

（九）稻田养殖成鳖

1. 稻田准备

养殖成鳖的稻田，无论是双季稻田还是单季稻田均必须进行田间工程建设，主要内容包括平整稻田、开挖沟坑、改建田埂、开挖或铺设进排水渠或管道等。在鳖放养之前，需要进行各项设施的检查与准备，包括防逃、防天敌设施，开挖的沟坑，建设的进排水渠、管道，田埂、投饲台等。此外，还需要对稻田消毒，一般常用的药物是生石灰。用生石灰消毒，每亩用约 100 千克的生石灰化浆后全田泼洒，重点在沟、坑。用生石灰全田泼洒除了有消毒作用外，还有改良土壤的作用。

2. 鳖种投放

目前稻鳖综合种养模式中主要投放大小两种不同规格的鳖种：①放养小规格鳖种，即放养经一段时间培育后的小规格鳖种。一种来源是经稻田培育而成，稚鳖在稻田培育池中养殖到第二年生长周期结束，个体规格达 100～200 克，经分养后直接放入稻田直至养成商品鳖。另一种是利用保温大棚培育的鳖种，保温大棚放养的当年稚鳖在经第二年一年的养殖后规格达到 150～200 克。放养这种规格的鳖种到养成商品鳖规格，

还需要在稻田中养殖 2 年左右，一般放养密度在每亩 500 只左右，养成的商品鳖质量与品质和直接放养在稻田中的稚鳖相差无几。②放养体重 400 克以上的大规格鳖种。大规格鳖种来源主要是温室培育，这种种养模式采用的是"温室＋稻田"的新型养鳖模式，可以实现当年放养、当年收获，养成的鳖的质量安全与品质均能得到保障，是目前中华鳖养殖结构调整与稻鳖综合种养的主要模式。放养的密度要根据田间工程建设的标准高低、养殖者经验和技术等情况而定。田间工程标准高，有经验的养殖者每亩放养 500～600 只，一般经验较少的每亩放养200～300 只。鳖种的质量要求是无病、无伤，体表光滑、有光泽，裙边坚挺及肥满度好。

鳖要放养到露天水域中，一般要求水温要稳定在 25℃以上。各地因地理位置不同，气候差异较大，水稻种植与鳖的放养季节差异较大。在长江流域鳖的主要养殖区和水稻种植区，双季稻田一般在 4 月中下旬到 5 月上中旬，单季稻田则在 5 月中旬开始。在放养时，如果水稻还未插秧或未返青，可以先将鳖放入沟坑中，待水稻插秧返青后再放入大田中。如果插秧的水稻已经返青，可以直接将鳖放入稻田（图 7-9）。

图 7-9　稻田养殖成鳖

3. 饲料投喂

稻田中有鳖的天然饵料，如各类底栖动物、水生昆虫、田螺、野生小鱼虾及水草等，但这些天然饵料不足以满足放养的鳖的生长发育需求，必须投喂人工配合饲料。鳖的饲料有粉状料和膨化颗粒饲料两种，近几年来，膨化颗粒饲料的使用越来越普遍。当水温达到并稳定在 28℃且不超过 35℃时，要加大投喂量。日投喂量占体重的 2%～3%，小规格鳖种的日投喂量占体重的 3%～4%，每日投喂两次，上、下午各一次。当水温下降时，逐步减少投喂量，当水温下降到 22℃ 以下时停止投喂，投喂场所设在沟坑中的投饲台内。

4. 日常管理

日常管理维护除要充分协调种稻与养鳖的关系外，还要注意以下方面：①鳖在稻田沿着防逃围栏周边爬行，尤其刚放养后或遇到天气闷热、下雨天等，如遇到防逃围栏破损，田有漏洞，会引发鳖的出逃，特别是小规格的鳖种，因此要注意监视维护防逃设施。②由于稻田水浅，田水的环境与其他水域环境相比更容易变化且不稳定，需要随时观察鳖的活动与摄食情况，并定期抽样检查鳖的生长情况。③要根据水稻种植需要的实际情况，尽量提高稻田的水位，尽管鳖是爬行动物，对水的要求不如鱼、虾等其他品种那样严格，但如能保持适当的水位，更有利于鳖的生长。④在种养过程中一些重要事项，如放养、投喂、抽样检查以及病害发生与防治等情况需要按时记录。

5. 病害防治

鳖的病害发生会随着养殖年份增加和养殖的集约化程度提高而有增加的趋势。据浙江省水产养殖病害监测报告，每年监测到 10 余种病害。其中，外塘 7～12 种/年、温室 4～16 种/年。在稻鳖综合种养模式中，由于鳖的养殖密度大幅降低，稻和鳖之间存在互惠效应，鳖病的发生会显著减少。但在大棚培育鳖种阶段和鳖种放养初期还会经常发病，因此对一些主要的鳖病防治也要重视。

鳖养殖中常发生且危害性较大的病害主要有以下 6 种（图 7-10）：

（1）白斑病　又称白点病，是稚鳖培育阶段的主要病害之一。稚鳖放养三个月内容易发病，特别是当养殖鳖池水透明度大、水温在 25℃ 以下很容易发病。发病症状为鳖的背甲部及裙边出现白色斑点，严重时白斑扩大，有溃烂现象，临近死亡时常浮在水面，死亡率高。主要发病在稚鳖培育早期。

（2）白底板病　一般在鳖种从温室转入池塘养殖后不久，温度变化较大时容易发生，其主要诱因是温度的急剧变化。发病症状表现为腹甲苍白，呈极度贫血状，大部分内脏器官均失血发白。病情发展较快的个体的胃内有积水或异物，肠套叠，肝有血凝块。

（3）红底板病　又名赤斑病、红斑病、腹甲红肿病、红腹甲病等。主要危害成鳖、亲鳖，有时幼鳖也会感染。一般每年春末夏初开始发

病，5—6 月是发病高峰季节。表现为腹部有出血性红斑，重者溃烂，露出甲板；背甲失去光泽，有不规则的沟纹，严重时出现糜烂性增生物，溃烂出血；口鼻发炎充血，病鳖停食，反应迟钝，一般 2～3 天后死亡。

（4）穿孔病　此病无明显季节性，在鳖生长各个阶段均可发生。发病症状表现为表皮破裂，露出骨骼，出现穿孔。该病的病原优势菌为气单胞菌。

（5）粗脖子病　此病全年均可发生，主要流行季节为 5—9 月，有极强的传染性，病程短且死亡率高。发病症状表现为全身浮肿，颈部异常肿大，有时口鼻出血。该病的病原优势菌为气单胞菌。

（6）头部畸形　本病常发生于温室转外塘之后。发病症状表现为头部畸形，伴有背部疖疮。该病的病原优势菌为摩氏摩根菌。

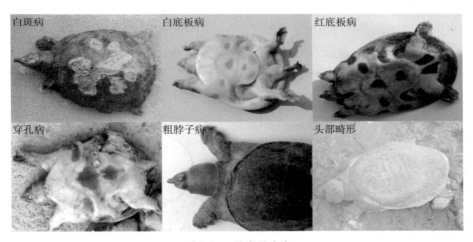

图 7-10　鳖常见病害

鳖病的防治要坚持"预防为主、积极治疗、防重于治"的原则，通过饲养与管理达到减少发病或不发生重大疾病的目标。具体措施如下：①放养健康强壮的鳖苗或鳖种。如果放养稚鳖，则要求稚鳖规格在 3.5 克以上且卵黄囊吸收、脐带收齐。若放养鳖种，则要求鳖种健康强壮且无病无伤。②中华鳖养殖密度以及水稻插秧密度要合理。在鳖种培育期间，稚鳖的放养密度要合理，不宜过高，否则会对系统造成太大负担。对于大棚一次性放养培育鳖种，密度在每平方米 25～30 只为宜。在稻鳖共生期间，水稻的插秧密度要适当降低，以增加透气性。插秧时有条件的可采用大垄双行的插秧方法，每亩种 0.6 万～0.8 万穴。稚鳖或鳖种在稻田内的放养密度也要根据稻田的设施条件和具体种养经验而定，养殖成鳖的一般控制在每亩 500 只左右。③要定期消毒，一般采用生石灰或漂白粉进行消毒，从而最大限度减少疾病的发生。种养期间定期用 15～20 毫克/升的生石灰或 2 毫克/升的漂白粉泼洒，要注意生石灰和漂白粉交替使用效果更佳。在稻鳖共生的田块，一般 5—6 月和 8—9 月，雨水多，且突变天气情况多，此时可在原有基础上适当增加消毒次数。④加强饲养管理，鳖的饲料要采用"四定"投喂方法（即定时、定位、定质、定量）进行投喂，日投饲量根据气温变化调整。正常时投喂量为鳖体重的 2%～3%，每天两次，一般为每天 07：00—09：00 和 16：00—17：00 各投喂一次，并根据摄食情况，酌情增减投喂量，以 1～2 小时内摄食完为宜。

　　尽管稻鳖综合种养模式下中华鳖养殖密度相对较低，基本不发病，但如果发生鳖病，则应立刻确诊后对症下药。同时，药物的使用要科学合理，不滥用，严格按照国家有关规定执行。在大棚或稻田中培育的鳖种，由于养殖密度较高，如饲养管理不当，则容易发病。气单胞菌是中华鳖最常见的致病菌，穿孔病和粗脖病等的病原优势菌主要为气单胞菌，氟本尼考敏感率近 80%，可以作为防治的有效药物。另一种常见的致病菌为摩氏摩根菌，是导致头部畸形的病原优势菌，可用新霉素或阿米卡星治疗。鳖药的给药方法主要有鳖体消毒、水体消毒和投喂药饵等。在水体中，可以采用水体消毒的方法。在发生鳖病情况下，常用的漂白粉的浓度一般为 5～10 毫克/升，生石灰的浓度 20 毫克/升。对于抗生素药物应根据规定用药，一般用药饵。用氟苯尼考、新霉素时，每千克饲料拌药 3～5 克，每日投喂一次，连续投喂 3～4 天。

　　6. 稻鳖收获

　　（1）水稻收割　一般来讲，水稻成熟要经历 4 个时期：乳熟期、蜡熟期、完熟期和枯熟期。水稻收割越晚，稻米的糙米率和精米率就越高，但整米率则是在出穗后约 50 天最高。水稻收割的时间越晚，除了直链淀粉含量以外其他含量的差异并不明显。因此，在水稻出穗后的 45～55 天收割时，水稻的产量差异并不明显，出穗后 45～51 天收割可以兼顾产量和米质。当水稻出穗后的积温达到 950℃以上时，一般水稻的品种从外观上看有 5%～10% 青粒或 1/3 的穗变黄，为最佳收割时间。

　　水稻收割可以用传统的人工收割，也可用机械收割。对一些养殖规模不大且稻田田块分散又小的，可采用人工收割；对于稻田田块集中连片且养殖规模较大的，则要用收割机械收割，可节省收割的劳动力成本。对于规模化经营的业主，一般将收割后的水稻送至烘干中心烘干或晒干，当水分下降到14%后进行储存和加工。稻米储存的温度一般控制在20℃以下，根据市场销售情况进行加工，保障稻米的质量。加工后的稻米经包装后即可出售。一般情况下，稻鳖综合种养模式中产出的大米因为质量安全而且品质较好，经过商标注册与合适的包装后，深受消费者青睐。

　　（2）鳖的捕获　稻鳖综合种养模式下，一般在经历一个共生生长周期后，可以根据市场需求进行捕捉。鳖可以采用钩捕、地笼或鳖沟坑内捕获。在整个生长季内，当鳖的规格达到0.5千克以上时，可以采用地笼或钩捕等方法零星捕获以及出售。鳖的大批量起捕一般是在水稻收割完成后再进行。具体方法为在水稻收割前开始排水搁田。搁田时，灌"跑马水"为主，即采用灌一次水后马上放掉，到田边开始发白时，再灌一次水、再放掉的方式。这样保持田间"干干湿湿、以湿为主"，既能保证晚稻植物对水分的需求，又能保证晚稻根系对空气的需要。当田里水位下降时，鳖开始进入沟坑。在沟坑四周可以设置一道栏网，栏网向鳖坑内倾斜，使鳖爬入鳖坑中后不能再进入稻田。在水稻收割时，养殖的鳖基本上已经全部集中在沟坑中，此时可以集中捕获（图7-11）。将集中捕获的鳖冲洗干净并把伤残的鳖剔除后，根据规格大小进行分类包装上市。

图7-11　人工起捕甲鱼

第二节　稻鳖种养技术模式拓展

稻鳖综合种养的稻田，经过较高标准的田间工程建设后，养殖环境已经得到改善，可以在鳖稻共作的同时，搭养一些价值较高、适合在稻田中养殖的品种。通过放养品种的合理搭配，适当混养，充分利用稻田中的天然饵料生物资源，可以大幅提高稻鳖综合种养的综合效益。

选择的混养品种需要对稻田的浅水养殖环境有较强的适应能力，能在水位、水温、溶解氧和浑浊度等变化较大的环境条件下生存和正常摄食、生长。混养品种的食性要杂，以草食性或杂食性为宜，这样可以摄取稻田中的杂草、底栖生物、水稻害虫等，同时还能摄取鳖的残饵和投喂的配合饲料，通过资源互补利用以充分提高稻鳖综合种养系统中的资源利用效率。

混养的最主要目的是提高稻鳖综合种养的综合效益，可在上述基本要求的基础上，选择有良好市场需求与较高经济价值的品种来混养。选择的混养品种要品质优良，生长速度快，能在短期内养成商品鱼或培育成鱼种，并具有较好的市场竞争力。生产实践表明，当前比较适合混养在稻鳖综合种养系统中的水产养殖品种主要有蟹类、虾类（小龙虾、日本沼虾等）、鱼类（田鲤、泥鳅、鲫、草鱼等）等。

一、稻鳖系统中混养河蟹

在稻鳖综合种养系统中套养河蟹是较为常见的混养方式，其主要是套养大规格蟹种。这一混养模式基本上在不增加设施投入的情况下，可以充分利用养鳖稻田中鳖的残饵和有机碎屑，以及鳖未能利用的稻田自然资源，能取得较好的经济效益。

（一）鳖种投放

混养模式下鳖的放养密度与鳖稻模式中鳖的放养密度相比需要适当降低，具体与放养规格大小有关，一般放养规格在400～500克/只的鳖种，放养密度以300～400只/亩为宜；放养规格在150～250克/只的鳖种，每亩放养400～500只。放养的鳖种一般要求无病无伤，鳖体色泽光滑、裙边坚挺。保温大棚培育的鳖种放养时间除了要考虑水稻的种植与田间操作外，还要在放养之前将鳖池的水温逐步调整到稻田的

水温。

（二）蟹种投放

稻鳖综合种养中套养河蟹一般要求放养扣蟹，选择的蟹种规格要大，身体强壮，且对环境的适应能力以及逃避敌害生物的能力强。一般要求蟹种规格为 100～150 只/千克，做到当年放养，当年起捕上市。放养密度每亩控制在 600～800 只。

蟹种的来源主要为蟹种场采购，要求规格相对整齐，肢体完整且无残次的质量好的蟹种。另外，在挑选时特别要关注蟹种性腺的发育情况。因为在河蟹蟹种培育过程中，蟹的幼体经一个生长周期的培育，受饲料、环境等影响，约有 20% 的蟹种性腺会提早成熟，而性早熟的蟹种生长缓慢且无养殖价值，需要剔除。鉴别性早熟的方法：雌蟹腹脐圆，脐边缘密生刚毛，打开背壳，两条紫色的卵粒明显；雄蟹螯足和掌节绒毛稠密，步足前节和腕节上的刚毛粗长稠密而且坚硬，绒毛长齐相连，打开背壳，可见两条白色块状物。

蟹种的放养可在冬天或春天进行。在冬、春季放养的蟹种先放养在冬闲田或沟、坑中，待第二年水稻插秧返青后再提高稻田水位养殖。此外，也可以水稻收割后再蓄水，同时在稻田中堆放一些稻草，此时放养蟹种可以使河蟹较早适应稻田的养殖环境；第二年水稻插秧时蟹进入沟、坑中，待水稻返青后提高水位，又进入稻田。

（三）饲料的投喂

喂鳖的饲料一般用膨化颗粒饲料，按定时、定点、定量、定质的"四定"原则投喂，日投饲量根据放养的鳖种大小及水温、天气变化控制在鳖种体重的 1.0%～3.0%。混养的河蟹前期主要利用田间杂草、底栖动物、有机碎屑及鳖的残饵等。当水温到达河蟹生长发育的适宜范围时，随着河蟹进入生长旺季，需要适当投喂水草、河蟹配合饲料等，满足河蟹生长发育对养分的需求，从而促进河蟹的蜕壳生长。河蟹饲料的主要原料为鱼粉、虾壳粉、发酵豆粕、玉米、麸皮等。日投喂量控制在总体重的 3%～4%，根据天气和摄食情况进行调整，每日投喂两次，上、下午各一次。

（四）病害防治

在稻田中混养的鳖蟹与专养池塘的养殖相比，养殖的密度不高，病害也相对较少。但受稻田的环境如水温、水质的变化，饲料质量，稻鳖种养操作及蟹、鳖体存在的病原体等因素影响，也会引发一些疾病。河蟹主要的病害有颤抖病、肠炎病、弧菌病、黑鳃病、丝状藻类病、腐壳病、蜕壳不遂症、蟹链弧菌病、水肿病、纤毛虫病、水霉病等，鳖的病害主要有白底板病、粗脖子病等，对这些病害要以防治为主。主要措施为在放养前的稻田清整消毒，养殖期间常用生石灰 20 毫克/升泼洒消毒，控制好水质等。

（五）日常管理

鳖蟹混养的稻田在日常管理中要注意以下几点：①坚持利用投喂、田间管理等种养作业时间巡田，检查防逃、防天敌的设施是否完好。②尽量不使用或少使用化肥或农药，特别是蟹敏感的有机磷类、菊酯类农药。③在水稻水浆管理时，要尽量缩短搁田时间。

（六）起捕收获

河蟹的起捕季节在 10 月中下旬开始，捕获方法有放置蟹笼和放水起捕。一般蟹笼放在沟坑周边和田埂四周，利用其秋、冬季沿围栏周边向外爬行的习性，钻入笼子后起捕。刚起捕的河蟹要暂养在网箱中，清除泥土和杂质异物，尚未起捕的河蟹可放水起捕。鳖的起捕主要是在水稻收割后，鳖会爬向有水的沟、坑中，可在放水后集中捕获。

二、稻鳖系统中混养小龙虾

以鳖为主、套养小龙虾，是目前稻鳖综合种养中较为常见的混养方式，一般养的小龙虾为小龙虾亲体或抱卵虾。这一混养模式可以充分利用小龙虾自繁能力，同时小龙虾可以利用养鳖稻田中鳖的残饵和有机碎屑等，取得较好的综合效益。放养前稻田的准备和消毒以及鳖的管理参照稻鳖系统混养河蟹模式。

（一）种苗投放

小龙虾由于在稻田中可以自然抱卵繁殖，所以投放亲虾或抱卵虾。在挑选亲虾时，选择虾体颜色呈暗红或黑红色、体表光泽、无附着物、附肢齐全、无伤残的成虾，一般个体规格在 35～40 克/只为宜。放养量为每亩 15～20 千克，雌雄比为 3∶1，放养时间一般在 8—9 月。如放养抱卵虾，则要尽量选择规格大的抱卵虾，既可以提高育苗数量，又能培育种质较好的子代。抱卵虾放养量每亩约 15 千克，放养时间在 9—10 月。

（二）饲料的投喂

混养的小龙虾前期主要利用培育的水体中的浮游动物、底栖动物、有机碎屑以及鳖的残饵，且随着个体的生长，会摄取一些田间杂草。当水温到达小龙虾生长发育的适宜范围，即20℃以上时，需要适当投喂小龙虾配合饲料等，促进小龙虾的蜕壳生长。日投喂量为虾体重的3％～4％，投喂沉水性颗粒饲料为宜。

（三）病害防治

养殖的小龙虾由于环境、管理及其本身携带的病原体等原因可能患病，目前主要有以下几种：

（1）病毒性疾病　主要为白斑综合征，是危害小龙虾的主要病害。主要症状是部分头胸甲等处有黄白色斑点，体色较暗，活力下降。

（2）细菌性疾病　主要为烂鳃病、烂尾病等。烂鳃病主要症状为病虾鳃丝发黑、局部腐烂，烂尾病症状为尾部溃烂或残缺不全。

（3）寄生虫病　主要为聚缩虫病、纤毛虫病等。聚缩虫病的病原体为聚缩虫，使小龙虾蜕壳困难。纤毛虫病的病原体为累枝虫、钟形虫等，大量附着时会妨碍小龙虾活动、蜕壳等。

小龙虾的疾病防治要以预防为主，措施包括放养前的稻田与虾种的消毒、种植水草、改善水质、补充投喂一些配合饲料等。在混养期间，尽量保持较高水位以防止水温变化过快。发病季节采用碘制剂全池泼洒，每立方米水体用量为0.3～0.5毫升（隔天一次），连续2～3次，对水体消毒杀灭病原体。

（四）起捕收获

捕获小龙虾的方法较多，常用的有地笼捕捞和干田捕捞。地笼操作方便，效果也好。采用地笼捕捞时，傍晚将地笼放在稻田田埂周边、沟坑处，早上起笼收虾。地笼的网目大小要合适，可以让规格较小的小龙虾能从网眼中逃逸，实现捕大留小。当需要全部起捕时，可先用地笼捕捞，再干田捕捞。

三、稻鳖系统中混养鱼

以鳖为主、套养鱼类的混养模式，不需要额外增加田间设施投入就可以进行，是目前稻鳖系统中混养水产动物最常见的方式。在稻鳖系统中混养鱼的模式下，鳖的养殖和管理可参照稻鳖系统中混养河蟹模式。

（一）种苗投放

在稻鳖系统中混养的鱼类品种主要为田鲤、泥鳅、鲫、草鱼等，尽管不同的鱼类放养规格不同，但放养大规格鱼种效果更好。一般放养规格为田鲤20～40尾/千克，泥鳅10～20尾/千克，鲫10～20尾/千克，草鱼1～2尾/千克。由于放养的鱼种规格不同，放养的时间也有差异，但宜早不宜迟。放养的鱼种如为仔口鱼种（当年繁育后培育到年底或第二年初的鱼苗），则在12月前后稻田蓄水后即可放养。稻田蓄水后形成的环境利于鱼类的栖息和生长，搭养的田鲤、泥鳅、鲫、草鱼适温范围广、食性杂，能充分利用稻田中的各类天然饵料。尤其是放养的大规格草鱼能摄取还田的稻草，有利于稻田土壤肥力的提高。夏花鱼种的放养一般在5月中下旬水稻插秧返青后进行。

鱼类在稻鳖系统中作为混养品种，要根据鱼苗种的规格大小、稻田条件、鳖的养殖情况与鱼苗种可供情况等确定合理的密度进行放养。如果为仔口鱼种，一般放养密度为：田鲤每亩100～150尾，鲫每亩100～200尾，泥鳅每亩500～1 000尾。如果为夏花鱼种，一般放养密度为：田鲤每亩500～800尾，鲫每亩1 000～1 500尾，泥鳅每亩4 000～5 000尾。放养草鱼主要是让其摄取在水稻收割后还田的稻草，一般要放养大规格的仔口鱼种，每亩放养50～100尾为宜。

（二）饲料投喂

一般在稻鳖系统中混养的鱼类，除了让其利用稻田中的天然饵料与鳖的残饵以及有机碎屑外，还需投喂一些补充性的饲料。混养的鱼类在营养需求方面虽然有所不同，但总体上都属于杂食性的鱼类，对饲料要求不高（表7-1）。同时在稻鳖系统中混养的鱼类密度相对较低，因此可投喂谷物、农副产品及普通的鱼用配合饲料等，投喂的数量根据实际需要而定。此外，考虑到套养种类的摄食，鳖的饲料要适当多投。

表7-1　混养鱼类饲料的主要营养成分（%）

鱼类	粗蛋白	粗脂肪	粗纤维	粗灰分	钙	磷	水分
田鲤	30	4	10	14	2.0～2.5	1.1	12
鲫	28	4	10	12	2.0～2.5	1.0	12
泥鳅	32～40	3～5	7	17	2.0～2.5	1.0～1.2	12
草鱼	25	4	12	12	2.0～2.2	0.9	12

（三）病害防治

一般稻田中鱼类的敌害生物主要为鸟类，特别是白鹭、苍鹭等，因此需要注意做好防敌害工作。若稻田面积不大，可以采用拉防鸟网的方式来防鸟害；如稻田面积较大，可采用拉防鸟绳或使用驱鸟剂来防鸟害。

（四）日常管理

鱼类具有较强的逃逸能力，尽管养鳖稻田具有良好的防逃设施，但在日常管理中仍然要注意稻田围栏、进排水口的情况，防止鱼类会逆水跳跃或通过裂缝、缺口等逃逸。

（五）起捕上市

放养的草鱼经冬、春季养殖后，在水稻种植前要起捕上市，不再在稻田中养殖。其他品种待水稻插秧返青后放入大田，继续养殖到水稻收割后起捕上市。

第三节　典型模式

浙江稻鳖模式（以浙江清溪鳖业股份有限公司为例）

浙江清溪鳖业股份有限公司是一家专业从事稻鳖综合种养、中华鳖新品种选育、示范养殖及深加工的集农、工、科、贸于一体的一二三产业融合的现代化农业龙头企业。公司现有稻鳖综合种养基地3 680亩，稚鳖培育室50 000米^2，下设德清县种养技术研究院、国家级清溪乌鳖良种场、省级中华鳖良种场、饲料厂、食品厂等，年产商品鳖400吨。公司以有机稻米生产基地为平台创新建立稻鳖综合种养模式，实现较高的经济效益、生态效益和社会效益，已在全国广泛推广。

（一）田间建设

鉴于中华鳖攀爬、逃逸能力强，采用内壁光滑、坚固耐用的砖墙作为防逃围栏设施。砖墙下沉50厘米以上，墙高150厘米，顶部采用10~15厘米的防逃反边，四周转角处做成弧形，以防止中华鳖外逃。

为便于中华鳖日常管理和水稻收割，利用农田水利冬闲时节在稻田相对安静的四角处或中间建设鳖沟坑。每个田块设置1~2个沟坑，形状为长方形，四周用铝塑板、石棉瓦等材质围成一圈，底部用砖堆砌20~30厘米以防中华鳖攀爬，总面积控制在稻田总面积的5%~10%，深度50～70厘米。

（二）水稻栽培

根据播种时间及插秧密度，选择感光性、耐湿性强、株形紧凑、分蘖能力强、穗型大、抗倒伏、抗病能力强的品种。目前公司已自主或联合培育筛选一批适宜稻鳖综合种养的水稻新品种，包括清溪系列香米、嘉禾优系列、嘉优5号、秀水555、甬优12等。

育秧时间根据水稻品种特性和生产计划确定和调整，一般在4—5月。为减轻劳动强度，节省人力成本，选用机插泥浆苗床育秧方法。由于机插秧苗秧龄具有弹性小的特点，须根据所接茬口和插秧进度，按照秧龄18～20天推算播种期，浸种的落谷期为移栽期向前推21天，宁可田等秧苗、不可秧苗等田。单季稻标准化秧苗以营养土为载体，根据品种的发芽率和千粒重等因素调节播种量，常规稻为100～120克/盘，杂交稻为70～100克/盘。对于发芽率高、千粒重轻的品种可适当降低播量，而发芽差、千粒重大的品种要适当增加播量。机插秧苗要求叶龄3～4叶，苗高12～18厘米，秧盘秧苗均匀整齐，根系发达盘结，秧块提起不散，叶色淡绿色，叶片挺立。秧苗太小机插质量会受到影响，太高则机插时伤秧严重、机插搭苗现象也较重，影响秧苗返青。

机插时使用大垄双行技术，一般每亩插6 000～8 000丛，每丛1～2株。养殖稚鳖的稻田，一般亩插10 000～12 000丛，每丛1～2株。养殖亲鳖的稻田，插3 000～5 000丛/亩，每丛1～2株。同时，在沟坑两边酌情增加栽秧密度。

（三）模式选择

在室外养殖条件下中华鳖生长较慢，从稚鳖到养成商品鳖大多需要3年。因此，需要根据年度生产计划合理安排生产模式。根据养鳖的规格，可选择当年养殖稚鳖，或放养经保温大棚培育的1冬龄小规格鳖种，或放养2冬龄大规格鳖种，或放养亲鳖。根据生产时节，可选择先种植水稻后放养中华鳖，也可选择先放养中华鳖后种植水稻。

（四）鳖种投放

公司在稻鳖综合种养系统中放养的中华鳖为自繁自育的清溪乌鳖和清溪花鳖，放养时间根据生产模式而定（图7-12）。4月放养的中华鳖需先暂养在鳖沟坑内，用围栏围住，待5月水稻栽种20～30天后，再散放到大田，实现共生。6—8月放养的中华鳖，则需注意插秧与放养

的时间节点，至少要在插秧 20 天后放养，以免秧苗被中华鳖摄食掉。一般情况下，亲鳖的放养时间为 3—5 月，要早于水稻插秧；幼鳖的放养时间为 5—6 月，在水稻插秧后进行。稚鳖的放养时间为 7—8 月。放养密度一般根据养殖条件和技术水平调整，做到合理放养（表 7-2）。

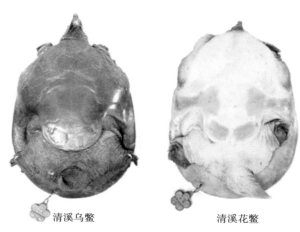

清溪乌鳖 清溪花鳖

图 7-12 清溪乌鳖和清溪花鳖

表 7-2 中华鳖放养密度

放养规格	放养密度（只/亩）
亲鳖（3 龄以上）	50～200
幼鳖（1～2 龄）	100～600
幼鳖（＞30 克/只）	900～1 100
稚鳖（＞4 克/只）	4 500～5 500

（五）日常管理

1. 水分管理

中华鳖的生存离不开水体环境，但是因为其使用肺部呼吸，不受水体溶氧的限制，能忍耐较高的有毒物质（H_2S、NH_4^+）浓度，也可以长时间离开水体。因此稻鳖模式的田间水管理相比于其他稻田养鱼模式而言十分宽松。插秧以后以浅水勤灌为主，田间水层一般在 3～4 厘米，有助于促早分蘖。穗分化后，逐步抬高水位并保持在 10～20 厘米。9 月以深水为主，保持水位在 20～30 厘米，收割前 20 天排水烤田，直至收割机能下田收割为止。水稻收割结束后，对于继续种植小麦、油菜等农作物的田块，只需保持鳖沟（坑）中有水即可，无需向大田灌注新水。对于幼鳖越冬的田块，则需逐步加入新水，抬高水位至 50 厘米以上，确保安全越冬。在养殖期间，一般每 15 天换一次水，每次换水量 10 厘米左右。也可用生石灰和漂白粉每 15 天交替使用，对水体进行消毒。

2. 投喂管理

当稻田水温达到 20℃ 以上时，开始投喂中华鳖饵料。一般采用定制的膨化配合饲料投喂，膨化饲料可以使用饲料机自动投喂，从而减少劳动成本。同时，膨化配合饲料浮在水面时间久，容易被摄食，从而环境污染少。采用"定时、定位、定质、定量"的四定原则来进行投喂，日投饲量根据气温变化，正常时投喂量为鳖体重的 2%～3%，每天两次，一般为每天 07：00—09：00 和 16：00—17：00 各投喂一次，也可增加到 3 次。根据摄食情况，酌情增减投喂量，以 1～2 小时内摄食完为宜。此外，有条件的情况下，特别是亲鳖强化培育时，适当投喂新鲜的小杂鱼和螺蚌肉等动物性饲料，日投喂量为鳖体重的 5%～6%。

3. 水稻施肥和病虫害防治

初次开展稻鳖综合种养的水稻田一般需施加农家堆肥或有机肥作为底肥，供水稻生长，后期视水稻生长情况适当施加追肥。如果是养鳖塘开展稻鳖综合种养，由于残饵、鳖的排泄物等有机质含量高，底质较肥，一般无需再施肥。稻鳖综合种养模式下水稻病虫害较少，一般采用太阳能诱虫灯，或者在病虫害暴发时期通过抬高水位让中华鳖捕食等措施进行防治，不需要打农药。

4. 防偷和防逃

每日加强巡查，一旦发现有逃逸的情况，及时采取补救措施，堵塞漏洞。因公司基地面积较大（图 7-13），为防止偷盗现象发生，除平时加强人工巡查外，公司还采用远程监控系统和物联网技术，实现管理智能化和信息化。平时注意及时清除水蛇、老鼠等敌害生物，驱赶鸟类。如有条件，可设置防天敌网。

（六）收获

每年 10—11 月，根据水稻成熟程度采用机收方式进行水稻收割。中华鳖可根据市场行情和规格随时起捕，一般零星收捕可采用钩捕、地笼网捕、捉捕等方式进行。集中起捕一般在水稻收割后，需要先将水逐步慢慢放干，使鳖进入鱼沟坑中，再抽水后集中起捕。

图 7-13　浙江清溪鳖业股份有限公司稻鳖共生示范基地

（七）经济效益

稻鳖综合种养基地的水稻产量视品种不同而异，一般亩产在 450～550 千克。对全国不同稻作区内开展的稻鳖模式的示范推广点进行调查测定表明，不同区域的稻鳖模式均取得了较好的效益。在水稻产量不降低的情况下，每亩稻田中华鳖产出量在 50～250 千克（表 7-3）。因产品质量安全放心，加上实行"门市部＋品牌"销售模式，产品售价相对高。其中，稻米销售价格达 20 元/千克，中华鳖按产品质量划分等级进行销售，售价在 176 元/千克以上，亩产值高达 2.5 万元以上。扣除田租、人工、水电、饲料等成本，亩均利润达 8 000 元以上。

表 7-3　稻鳖模式效益

省份	模式	种养结合		水稻单作
		水稻产量（千克/亩）	水产品产量（千克/亩）	水稻产量（千克/亩）
浙江	德清县稻鳖共作	446.79	229.53	—
湖北	宜城、京山、赤壁稻鳖共作	550	197.00	498.50
福建	光泽县稻鳖共作	558	54.60	517.00

参 考 文 献

蔡炳祥，王根连，任洁，2016. 稻鳖共生单季晚稻主要病虫发生特点及绿色防控关键技术 [J]．中国稻米，22（4）：75-76，80.

蔡炳祥，杨凤丽，徐国平，等，2014. 稻鳖共生模式对水稻迁飞性害虫的控制作用 [J]．中国植保导刊，34（9）：35-37

蔡炳祥，杨凤丽，徐国平，等，2014. 稻鳖共生模式对水稻迁飞性害虫的控制作用 [J]．中国植保导刊，34（9）：35-37.

常国亮，葛永春，邓登，等，2017.3 种饵料对中华绒螯蟹卵巢发育和育肥效果的影响 [J]．水产科学，37（6）：31-37.

常国亮，吴旭干，成永旭，等，2011. 磷脂和 HUFA 对中华绒螯蟹幼蟹存活、生长、蜕壳及生化组成的影响 [J]．中国水产科学（2）：87-95.

陈博，敖和军，曾晓珊，2020. 我国水稻种植情况调研——基于 9 个水稻生产大省的调研数据 [J]．湖南农业科学（11）：66-69.

陈灿，郑华斌，黄璜，等，2016. 新时期传统稻鱼生态农业文明发展的再思考 [J]．作物研究，30（6）：619-624.

陈飞星，张增杰，2002. 稻田养蟹模式的生态经济分析 [J]．应用生态学报，13（3）：323-326.

陈欣，唐建军，2013. 农业系统中生物多样性利用的研究现状与未来思考 [J]．中国生态农业学报，21（1）：54-60.

陈欣，唐建军，胡亮亮，2019. 生态型种养结合原理与实践 [M]．北京：中国农业出版社．

陈欣，唐建军，王兆骞，2002. 农业生态系统中生物多样性的功能——兼论其保护途径与今后研究方向 [J]．农村生态环境，18（1）：38-41.

谌金吾，顾泽谋，胡世然，等，2020. 从江县稻-鱼-稻高效综合种养技术 [J]．贵州畜牧兽医，44（4）：25-27.

崔燕燕，张南南，马倩倩，等，2017. 四种植物蛋白对中华绒螯蟹幼蟹生长性能、氨基酸沉积率和抗氧化酶活性的影响 [J]．水生生物学报（1）：146-154.

丁伟华，2014. 中国稻田水产养殖的潜力和经济效益分析 [D]．杭州：浙江大学．

丁伟华，2014. 中国稻田水产养殖的潜力和经济效益分析 [D]．杭州：浙江大学．

丁雪燕，周凡，马文君，等，2020. 浙江省新型稻渔综合种养模式与典型实例 [M]．北京：海洋出版社．

董小军，2010. 水稻基部叶鞘封泥对水稻纹枯病的影响 [D]．长沙：湖南农业大学．

杜军，刘亚，周剑，2018. 稻鱼综合种养技术模式与案例（平原型）[M]．北京：中国农业出版社．

顾娟，2020. 我国稻渔综合种养产业发展及其意义 [J]．南方农机，51（21）：65-66.

管卫兵，刘凯，石伟，等，2020. 稻渔综合种养的科学范式 [J]. 生态学报，40（16）：5451-5464.

桂建芳，张晓娟，2018. 新时代水产养殖模式的变革 [J]. 长江技术经济，2（1）：25-29.

何霭如，郭建夫，2007. 水稻纹枯病的发生及防治 [J]. 安徽农业科学，4：996-997.

何杰，吴旭干，赵恒亮，等，2016. 全程投喂配合饲料条件下池养中华绒螯蟹的生长性能及其性腺发育 [J]. 中国水产科学，23（3）：118-130.

何志辉，赵文，2001. 养殖水域生态学 [M]. 辽宁：大连出版社.

何中央，2000. 使用养鳖新技术 [M]. 北京：中国农业出版社.

何中央，2001. 稻田养殖新技术 [M]. 上海：上海科学普及出版社.

何中央，张海琪，陈学洲，等，2016. 中华鳖高效养殖致富技术与实例 [M]. 北京：中国农业出版社.

胡亮亮，2014. 农业生物种间互惠的生态系统功能 [D]. 杭州：浙江大学.

胡亮亮，2016. 稻鱼系统的生态效应及其在中国发展前景的初探 [D]. 杭州：浙江大学.

胡亮亮，唐建军，张剑，等，2015. 稻-鱼系统的发展与未来思考 [J]. 中国生态农业学报，23（3）：268-275.

胡亮亮，唐建军，张剑，等，2015. 稻-鱼系统的发展与未来思考 [J]. 中国生态农业学报，23（3）：268-275.

胡亮亮，唐建军，张剑，等，2015. 稻-鱼系统的发展与未来思考 [J]. 中国生态农业学报，23（3）：268-275.

胡亮亮，赵璐峰，唐建军，等，2019. 稻鱼共生系统的推广潜力分析——以中国南方10省为例 [J]. 中国生态农业学报，27（7）：981-993.

怀燕，王岳钧，陈叶平，等，2018. 稻田综合种养模式的化肥减量效应分析 [J]. 中国稻米，24（5）：30-34.

吉林省农委，2018. 吉林省农业农村集成推广绿色高质高效新技术综述 [J]. 吉林农业，432（15）：4-5.

继风，2012. "盘山模式"——稻蟹立体生态种养新技术 [J]. 中国水产（2）：54-56.

蒋火金，林建国，2017. 淡水小龙虾养殖技术 [M]. 北京：中国农业出版社.

解振兴，林丹，张数标，等，2020. 丘陵山区稻鱼综合种养技术规程 [J]. 福建稻麦科技，38（1）：14-16.

雷衍之，1999. 养殖水环境化学 [M]. 北京：中国农业出版社.

李可心，朱泽闻，钱银龙，2012. 新一轮稻田养殖的趋势特征及发展建议 [J]. 中国渔业经济，29（6）：17-21.

李良玉，魏文燕，2019. 鱼、泥鳅、蟹、蛙、鳖稻田综合种养一本通 [M]. 北京：机械工业出版社.

李娜娜，2013. 中国主要稻田种养模式生态分析 [D]. 杭州：浙江大学.

李娜娜，2013. 中国主要稻田种养模式生态分析 [D]. 杭州：浙江大学.

李文华，刘某承，闵庆文，2010. 中国生态农业的发展与展望 [J]. 资源科学，32（6）：1015-1021.

李晓东，2006. 北方河蟹养殖新技术 [M]. 北京：中国农业出版社.

李杨，王耀雯，王育荣，等，2010. 水稻稻瘟病菌研究进展 [J]. 广西农业科学，41（8）：

789-792.

李义，1999. 名特水产动物疾病诊治［M］. 北京：中国农业出版社.

李艺，李晓东，2019. 甲壳动物攻击行为的研究进展［J］. 水产科学，38（3）：143-149.

李应森，王武，张士凯，等，2010. 渔业科技入户河蟹养殖成果之五　稻田生态养蟹——盘山模式［J］. 科学养鱼（9）：14-16.

李永函，赵文，2002. 水产饵料生物学［M］. 辽宁：大连出版社.

廖庆民，2001. 稻田养鱼的经济与生态价值［J］. 黑龙江水产（2）：17.

刘才高，周爱珠，徐刚勇，2015. 稻鳖共生效益试验［J］. 安徽农业科学，43（7）：157-159.

刘德建，2016. 山东稻蟹生态共生种养试验研究［J］. 中国水产（9）：95-97.

刘发明，1997. 稻田养鱼施用农药肥料有讲究［J］. 中国稻米（2）：35.

刘万才，刘振东，黄冲，等，2016. 近10年农作物主要病虫害发生危害情况的统计和分析［J］. 植物保护，42（5）：1-9.

刘小燕，杨治平，黄璜等，2004. 湿地稻-鸭复合系统中水稻纹枯病的变化规律［J］. 生态学报，24（11）：2579-2583.

刘依依，何维君，胡文耀，2016. 稻鳖鲫鱼虾生态种养模式探讨［J］. 作物研究，30（3）：326-328.

刘永进，潘顺林，刘会，2004. 无公害河蟹池塘养殖技术［J］. 齐鲁渔业，21（12）：25-26.

陆和远，2018. 免耕稻田生态养鱼技术研究［J］. 现代农业科技（8）：215-216.

骆世明，2010. 农业生物多样性利用的原理和技术［M］. 北京：化学工业出版社.

骆世明，陈欣，章家恩，2010. 农业生物多样性利用［M］. 北京：化学工业出版社.

马达文，2017. 小龙虾高效养殖新技术有问必答［M］. 北京：中国农业出版社.

马达文，钱静，刘家寿，等，2016. 稻渔综合种养及其发展建议［J］. 中国工程科学，18（3）：96-100.

梅方权，吴宪章，姚长溪，等，1988. 中国水稻种植区划［J］. 中国水稻科学，2（3）：97-110.

闵庆文，孟凡乔，韩永伟，等，2015. 稻田生态农业——环境效应研究［M］. 北京：中国环境出版社.

倪达书，汪建国，1990. 稻田养鱼的理论与实践［M］. 北京：农业出版社.

潘莹，周国平，周国勤，等，2017. 浅谈基于循环农业理念的稻田养鱼与池塘种稻［J］. 水产养殖，38（2）：31-34.

彭辉辉，2019. 稻田养鱼与常规稻田耕作模式生态系统比较研究［D］. 天津：天津农学院.

阙有清，杨志刚，纪连元，等，2012. 配合饲料替代杂鱼对中华绒螯蟹生长发育、体成分及脂肪酸组成的影响［J］. 水产学报（10）：143-154.

史晓宇，怀燕，邹爱雷，等，2019. 适于稻鱼共生系统的水稻品种筛选［J］. 浙江农业科学，60（10）：1737-1741.

孙加威，阎洪，任晓波，等，2019. 成都市麦（油）茬水稻规模化种植优化模型［J］. 中国稻米，25（6）：60-64.

孙儒泳，2002. 基础生态学［M］. 北京：高等教育出版社.

孙喜模，李清，2014. 我国主要渔业地区水生动物发病特点及防控技术手册［M］. 北京：中国农业出版社.

汤亚斌，2009. 无公害小龙虾养殖技术［M］. 武汉：湖北科学技术出版社.

汤亚斌，2021. 彩色图解小龙虾高效养殖技术大全［M］. 北京：化工出版社.

唐建军，胡亮亮，陈欣，2020. 传统农业回顾与稻渔产业发展思考［J］. 农业现代化研究，41（5）：727-736.

唐建军，李巍，吕修涛，等，2020. 中国稻渔综合种养产业的发展现状与若干思考［J］. 中国稻米，26（5）：1-10.

唐建军，李巍，吕修涛，等，2020. 中国稻渔综合种养产业的发展现状与若干思考［J］. 中国稻米，26（5）：1-10.

唐建军，李巍，吕修涛，等，2020. 中国稻渔综合种养产业的发展现状与若干思考［J］. 中国稻米，26（5）：1-10.

唐建清，2016. 小龙虾高效养殖致富技术与实例［M］. 北京：中国农业出版社.

唐茂艳，王强，陈雷，等，2019. 适合稻鱼系统的水稻品种筛选研究［J］. 中国稻米，25（3）：129-131，134.

唐仕姗，王海鹏，2018. 浅谈四川丘陵区稻田养鱼模式下水稻栽培技术及病虫害防治［J］. 农业与技术，38（12）：101-102.

陶家凤，1995. 稻瘟病菌致病性变异研究现状述评［J］. 四川农业大学学报，13（4）：518-521.

陶忠虎，邹叶茂，2014. 高效养小龙虾［M］. 北京：机械工业出版社.

汪建国，2014. 小龙虾高效养殖与疾病防治技术［M］. 北京：化工出版社.

王晨，胡亮亮，唐建军，等，2018. 稻鱼种养型农场的特征与效应分析［J］. 农业现代化研究，39（5）：875-882.

王寒，唐建军，谢坚，等，2007. 稻田生态系统多个物种共存对病虫草害的控制［J］. 应用生态学报，18（5）：1132-1136.

王健懿，杨志刚，魏帮鸿，等，2017. 不同脂肪源饲料对中华绒螯蟹幼蟹生长、消化酶活力和脂肪酸组成的影响［J］. 中国水产科学（6）：56-65.

王武，李应森，2010. 河蟹生态养殖［M］. 北京：中国农业出版社.

王缨，雷慰慈，2000. 稻田种养模式生态效益研究［J］. 生态学报，20（2）：311-316.

王兆骞，2001. 中国生态农业与农业可持续发展［M］. 北京：北京出版社.

魏文燕，曹英伟，李良玉，等，2015. 稻田综合种养日常管理技术［J］. 现代农业科技（17）：288-289.

魏文燕，李良玉，唐洪，等，2017. 成都地区稻田综合种养发展现状和对策［J］. 水产科技情报，44（2）：99-102.

文可绪，李良玉，曹英伟，等，2015. 成都市稻田养鱼模式下水稻病虫害防治关键技术［J］. 安徽农业科学，43（1）：95-97.

文衍红，黄杰，韦领英，等，2020. 山区稻田一季稻＋再生稻＋鲤综合种养集成技术研究［J］. 养殖与饲料（4）：13-18.

吴达粉，葛玉林，黄付根，等，2003. 蟹田稻病虫草发生特点及防治技术［J］. 植保技术

与推广，23（5）：6-8.

吴敏芳，张剑，陈欣，等，2014. 提升稻鱼共生模式的若干关键技术研究［J］. 中国农学通报，30（33）：51-55.

吴涛，黄璜，陈灿，等，2017. 我国稻田养鱼技术的研究进展［J］. 湖南农业科学（10）：116-120.

吴秀鸿，1982. 鳖的生物学特性研究［J］. 福建水产科技（1）：37-41.

吴雪，谢坚，陈欣，等，2010. 稻鱼系统中不同沟型边际弥补效果及经济效益分析［J］. 中国农业生态学报，18（5）：995-999.

肖放. 2017. 新形势下稻渔综合种养模式的探索与实践［J］. 中国渔业经济，35（3）：4-8.

肖欢喜，陶开战，陈志俭，等，2019. 不同杂交水稻品种在稻鱼共生系统下的农艺性状［J］. 浙江农业科学，60（10）：1887-1888，1892.

肖如芳，2019. 简谈"稻＋鱼"生态种养技术［J］. 云南科技管理，32（6）：62-64.

肖筱成，谌学珑，刘永华，等，2001. 稻田主养彭泽鲫防治水稻病虫草害的效果观测［J］. 江西农业科技，28（4）：45-46.

效梅，2001. 淡水养殖与疾病防治［M］. 北京：中国农业出版社.

谢坚，2011. 农田物种间相互作用的生态系统功能——以全球重要农业文化遗产"稻鱼系统"为研究范例［D］. 杭州：浙江大学.

徐在宽，韩名竹，潘建林，1997. 鱼虾蟹鳖养殖与疾病防治新技术［M］. 江苏：南京出版社.

严桂珠，孙飞，2018. 稻田综合种养技术模式及效益分析［J］. 中国稻米，24（1）：83-86.

杨良山，何海玲，何丁喜，等，2015. 浙江清溪鳖业创意农业模式研究［J］. 浙江农业科学，56（3）：419-424.

杨文钰，2003. 作物栽培学各论［M］. 北京：中国农业出版社.

杨勇，2004. 稻渔共作生态特征与安全优质高效生产技术研究［D］. 扬州：扬州大学.

杨勇，胡小军，张洪程，等，2004. 稻渔（蟹）共作系统中水稻安全优质高效栽培的研究 V. 病虫草发生特点与无公害防治［J］. 江苏农业科学，21（6）：21-26.

杨勇，张洪程，胡小军，等，2004. 稻渔共作水稻生育特点及产量形成研究［J］. 中国农业科学（10）：1451-1457

杨振才，牛翠娟，孙儒泳，1999. 中华鳖生物学研究进展［J］. 动物学杂志，34（6）：41-44.

游艾青，程建平，汤亚斌，2020. 虾稻优质高效绿色生产模式与技术［M］. 武汉：湖北科学技术出版社.

游德福，2002. 化解稻田养鱼中稻鱼矛盾的好方法［J］. 中国稻米（3）：33.

游修龄，2006. 稻田养鱼——传统农业可持续发展的典型之一［J］. 农业考古（4）：222-224.

于春丽，2018. 稻田养鱼模式下的水稻栽培技术［J］. 江西农业（4）：19.

张海琪，何中央，邵建忠，2011. 中华鳖培育新品种群体遗传多样性的比较研究. 经济动物学报，15（1）：39-46.

张家宏，王桂良，黄维勤，等，2017. 江苏里下河地区稻田生态种养创新模式及关键技术［J］. 湖南农业科学（3）：77-80.

张剑，胡亮亮，任伟征，等，2016. 稻鱼系统中田鱼对资源的利用及对水稻生长的影响 [J]. 应用生态学报，28（1）：299-307.

张立修，毕定邦，1990. 浙江当代渔业史 [M]. 杭州：浙江科学技术出版社.

张林林，2007. 稻田养鱼技术模式演变及发展趋势分析 [J]. 现代农业科技（18）：160-161.

张显良，2017. 大力发展稻渔综合种养　助推渔业转方式调结构 [J]. 中国水产（5）：3-5.

张嘘云，2019. 东至县稻渔综合种养模式探讨 [J]. 现代农业科技（24）：193-194，201.

张懿嘉，2021 宁夏旅游文化产业与第一产业融合发展的思考——以贺兰县稻渔空间乡村生态观光园为例 [J]. 中国民族博览，1（2）：90-92.

张玉兰，2017. 稻田养鱼模式下的水稻栽培新技术探究 [J]. 南方农业，11（6）：36-38.

章剑，2017. 中国龟鳖疾病诊治原色图谱 [M]. 北京：海洋出版社.

章秋虎，吴胜利，2000. 鱼虾鳖池塘生态养殖技术总结 [J]. 中国水产（8）：25.

赵学谦，廖华明，2006. 四川省利用水稻品种多样性间栽技术持续控制稻瘟病 [J]. 西南农业学报，19（3）：418-422.

郑岚萍，马秀玲，吴海涛，2018. 宁夏示范稻渔循环水生态种养集成技术　探索绿色农业发展新模式 [J]. 渔业致富指南（11）：11.

中国稻渔综合种养产业发展报告（2019）[J]. 中国水产（1）：16-22

钟决龙，南天竹，2008. 我国水稻主要虫害发生、防治的现状及其发展趋势 [J]. 农药研究与应用，12（6）：1-4，19.

周爱珠，刘才高，徐刚勇，等，2014. 稻、鳖共生高效生态种养模式探讨 [J]. 中国稻米，20（3）：73-74.

周凡，马文君，丁雪燕，等，2019. 浙江省稻渔综合种养历史与产业现状 [J]. 新农村（5）：7-9.

朱泽闻，李可心，王浩，2016. 我国稻渔综合种养的内涵特征、发展现状及政策建议 [J]. 中国水产（10）：32-35.

四川广元稻鱼共作基地

四川江油沟凼式稻鱼共作基地

浙江丽水平板式稻鱼共作（稀插高秧）　　　浙江丽水平板式稻鱼共作（进水口附近开少许沟坑）

云南元阳哈尼梯田稻鱼鸭种养

云南元阳哈尼梯田稻鱼鸭种养（放养麻鸭）

云南元阳哈尼梯田稻鱼鸭种养（放养鱼种）

湖北潜江稻虾连作基地

湖北稻虾种养繁养分离模式养殖区（晒田）

江苏稻虾种养繁养分离模式温室大棚小龙虾早繁
（虾苗捕捞）

安徽六安稻虾种养捕获小龙虾

江苏稻虾种养繁养分离模式温室大棚小龙虾早繁

江西南昌无环沟稻虾种养模式田间工程建设图
（抬高田埂）

稻蟹种养（大垄双行边行加密）

辽宁盘锦稻蟹共作河蟹育肥期

辽宁盘锦稻蟹共作试验田

宁夏银川稻田镶嵌流水设施生态循环综合种养模式
（流水槽局部图）

稻鳖种养（局部图）

浙江德清"集鳖坑"式稻鳖共生

浙江嘉兴稻鳖种养